高职高专机电一体化专业规划教材

四川省示范性高职院校重点培育建设单位项目成果

机械加工实训教程

张家平　周　宇　主　编

周晓莲　罗朝阳　冯柯茹　副主编

清华大学出版社

北　京

内 容 简 介

本书以教育部关于高职高专教育的定位和人才培养目标为依据，对机械加工实际操作的相关内容作了详细说明，有利于对高职高专学生综合素质和职业技能的培养和提高。

本书共分 4 篇，第 1 篇为机械加工安全、文明生产规范，内容有车间安全、文明生产规章制度和 6S 管理要求，以及车床、铣床和磨床的操作规程与维护保养；第 2 篇为车削加工项目，有车削加工基本知识与技能、工件基本表面车削加工、工件外圆锥车削加工、成型表面加工、内孔加工、螺纹加工、综合表面加工；第 3 篇为铣削加工项目，有铣削加工基本知识、平面加工、斜平面加工、键槽加工、圆弧槽加工、七方头加工；第 4 篇为磨削加工项目，有磨削加工基本知识、外圆表面加工、锥面加工、平面加工和内孔加工。书末附有实习作品评分标准、一般公差标准、分度头使用等资料，以供参考。

本书精心绘制了大量的操作示意图，图文并茂，内容全面，结构严谨，资料翔实，可作为高职高专机电类等专业的实践教学用书，也可供在职人员学习参考。

图书在版编目(CIP)数据

机械加工实训教程/张家平，周宇主编. —北京：清华大学出版社，2016
(高职高专机电一体化专业规划教材)
ISBN 978-7-302-44228-8

Ⅰ. ①机… Ⅱ. ①张… ②周… Ⅲ. ①金属切削—高等职业教育—教材 Ⅳ. ①TG506

中国版本图书馆 CIP 数据核字(2016)第 152474 号

责任编辑：吴艳华　陈立静
装帧设计：杨玉兰
责任校对：吴春华
责任印制：杨　艳

出版发行：清华大学出版社
　　　　　网　　　址：http://www.tup.com.cn, http://www.wqbook.com
　　　　　地　　　址：北京清华大学学研大厦 A 座　　　　邮　　编：100084
　　　　　社 总 机：010-62770175　　　　　　　　　邮　　购：010-62786544
　　　　　投稿与读者服务：010-62776969, c-service@tup.tsinghua.edu.cn
　　　　　质量反馈：010-62772015, zhiliang@tup.tsinghua.edu.cn
　　　　　课件下载：http://www.tup.com.cn, 010-62791865

印 装 者：三河市吉祥印务有限公司

经　　销：全国新华书店

开　　本：185mm×260mm　　印　张：11　　字　数：261 千字

版　　次：2016 年 8 月第 1 版　　　　　印　次：2016 年 8 月第 1 次印刷

印　　数：1~2000

定　　价：26.00 元

产品编号：069637-01

前　　言

达州职业技术学院机电工程系实训教师团队以企业用人标准为依据、以就业为导向，吸收了多年的教学和工厂实践经验，编写了这本《机械加工实训教程》。

编写本书的目的是帮助学生在实习过程中，树立良好的企业安全文明生产的意识，养成良好的职业道德，正确掌握机械加工操作技能，熟悉零件的加工工艺过程，为后续学习、工作打下良好的基础。

本书以机械加工所必备的基本技能为主要内容，以机械加工操作步骤方法为重点，突出机械加工基本职业能力，图文并茂，简明扼要，内容循序渐进，由浅入深。全书共有 4篇，第 1 篇为机械加工安全、文明生产规范，主要说明了车间安全文明生产和 6S 管理要求。第 2 篇是车削加工项目，主要阐述了车削加工基本知识以及常见外圆、内孔等基本表面的车削加工方法和操作步骤。第 3 篇为铣削加工项目，主要阐述了铣削加工基本知识以及常见平面、键槽等基本表面的铣削加工方法和操作步骤。第 4 篇是磨削加工项目，主要阐述了磨削加工基本知识以及常见外圆、平面等基本表面的磨削加工方法和操作步骤。书末附有实习作品评分标准、一般公差标准、分度头使用等资料，以供参考。

本书具有以下几个方面的特点。

(1) 在认真分析生产管理第一线实际需求的基础上，以技术学习与技能训练培养为主线，整合与优化相关教学内容体系。本书内容尽量精练、精简，注重实践训练。

(2) 详细描述了机械加工实训工艺流程，力求让读者在本教程的指引下顺利完成实训项目。

(3) 本书在形式上，应用了较多的图片和表格，将知识点生动地展现出来，力求让读者更直观地理解和掌握实训内容。

本书适合机电大类本专科学生实习实训教学用书，也可作为教育培训机构开展实训的教学用书及相关工程技术人员的参考用书。

本书由张家平、周宇任主编，周晓莲、罗朝阳、冯柯茹任副主编，具体编写分工如下：第 1 篇、第 2 篇、第 3 篇、附录 A 和附录 E 由张家平副教授编写，第 4 篇和附录 B、附录 C 和附录 D 由周宇副教授编写，全书由张家平统稿。周晓莲硕士对全书进行了初次编辑并编写了前言，罗朝阳博士对全书进行了修订、校审，冯柯茹绘制了部分图例，孙小智副教授、张维兰副教授、魏兆伟副教授、周传彪等参与了编写工作，并由孙小智对全书进行初次校审，周传彪编辑了第 4 篇的部分图例。

由于时间仓促，书中难免存在不足之处，欢迎读者批评指正，我们将在实践中不断修订完善。

编　者

目　　录

第1篇　安全文明生产规范

第2篇　车　削　加　工

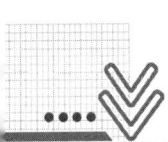

第3篇 铣削加工

第4篇 磨削加工

第1篇 安全文明生产规范

项目1 机械加工实训车间管理规章制度

1.1 实 习 目 的

通过本次实习，熟悉并牢记车间安全生产的规章制度和设备使用规范，避免安全事故的发生，培养安全生产、文明生产、高效生产的素质。

1.2 实 习 任 务

(1) 熟悉并牢记车间管理制度。
(2) 熟悉并牢记车间 6S 管理细则。

1.3 实 习 内 容

1.3.1 车间管理制度

(1) 进入车间，应严格遵守车间管理制度，遵守安全操作规程，必须按要求穿戴好工作服和其他防护用品。大袖口要扎紧，衬衫要系入裤内。女同学要戴安全帽，并将发辫纳入帽内。凉鞋、拖鞋、高跟鞋、背心、裙子和围巾等不允许穿戴，否则，不得进入车间。

(2) 严禁在车间内追逐、打闹、喧哗、阅读与实习无关的书刊、玩手机、上网等，一切行动均应听从指导教师的指挥，不得擅自行动。

(3) 应在指定的机床上实习，未经指导教师许可，其他任何机床、工具或电器等均不得动用。

(4) 认真听取指导教师讲解，认真观察指导教师的操作步骤和操作要领。

(5) 严禁在车间嬉戏、打闹，不做与实习操作无关的事。

(6) 工作过程中，应爱护设备、工具、量具等器材并合理使用，不得滥用。

(7) 下班前，必须做好清洁设备、器材、场地等工作，切断电源。设备方面，各操作手柄均应放置在规定的位置，做好设备、器材保养工作，并交回清点好的器材以及完成的工件。

(8) 实习期间，车间内的一切物品均不得带出车间，出现损坏、丢失应及时报告指导教师。

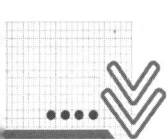

1.3.2 车间 6S 管理细则

1. 整理(Seiri)

(1) 通道畅通、整洁。

(2) 工作场所的设备、物料堆放整齐，不放置不必要的物品。

(3) 资料柜中的资料、工具柜内的物品，均应归类并放置整齐。

(4) 待修设备要明确标识，且注明故障。

(5) 设备编号要明确醒目。

(6) 车间、库房料架上的物品摆放整齐。

2. 整顿(Seition)

(1) 机器设备定期保养，并配有设备保养卡。

(2) 工具定位放置，定期保养。

(3) 零部件定位摆放，有统一标识，一目了然。

(4) 工、量、夹、模具明确定位，标识明确，取用方便。

(5) 车间各区域有 6S 责任区及责任人。

(6) 照明灯、开关、插座等电气设备完好，无灰尘。

(7) 拖把、扫帚、抹布等清洁工具使用后应清洗干净，并放于指定位置。

(8) 实训日志及时填写完整。

(9) 实训室管理制度完善，并严格执行。

3. 清扫(Seiso)

(1) 保持通道干净，地面无任何杂物。

(2) 机床内外、工作台面以及四周环境整洁，每次实训结束清扫一次。

(3) 门窗、墙壁、天花板干净整洁，每月末清扫一次。

(4) 垃圾及时清理，并做好室内保洁。

4. 清洁(Seikesu)

(1) 通道、作业台划分清楚，通道顺畅。

(2) 地面、墙面、桌面干净。

(3) 垃圾桶、废纸篓要定位摆放并及时清理。

(4) 墙面、角落无蜘蛛网。

(5) 工具柜、桌椅摆放整齐，并保持整洁。

5. 素养(Shitsuke)

(1) 遵守学校各项规章制度，听从指导教师的指挥与安排。

(2) 严格遵守作息时间，不迟到、不早退、不无故缺课。

(3) 穿戴好工作服等防护用品，并保持整洁规范。

(4) 禁止做与实训内容无关的事，不玩游戏，不打电话。

(5) 实训室内不得打闹、嬉戏，禁止闲谈，不得大声喧哗。

(6) 发挥团队合作精神，互帮互助，共同进步。

(7) 妥善保管机床附件和量具、刀具，保持完整与良好。

(8) 人走机停，保证安全，节约能源。

(9) 做好防火、防盗工作。

6. 安全(Security)

(1) 建立健全安全管理体制。

(2) 重视安全教育，实行现场巡视。

(3) 消防通道保持畅通，清洁、无堆积物。

(4) 定期检查电源线、开关、风扇、灯、门窗、锁等。

(5) 实训结束后要及时锁门，切断所有电气设备的电源，保持安全状态。

项目 2　车床安全操作规程与日常维护保养

2.1　实习目的

通过本次实习，进一步熟悉并牢记车削加工设备使用规范，避免安全事故发生，进一步培养安全生产、文明生产、高效生产的素质。

2.2　实习任务

(1) 熟悉并牢记车床安全文明操作规程。

(2) 熟悉车床日常维护保养要求，掌握车床日常维护保养技能。

2.3　实习内容

2.3.1　车床安全文明操作规程

在操作机床的过程中，必须重视安全生产，严格遵守安全操作规程，遵守劳动纪律及有关规章制度，具体规定如下。

(1) 进入车间时，应穿好工作服，大袖口扎紧，衬衫系入裤内。女同学戴安全帽，并将发辫纳入帽内，不得穿凉鞋、拖鞋、高跟鞋、背心、裙子以及戴围巾等进入车间。

(2) 禁止在车间内追逐嬉戏、高声喧哗。

(3) 应在指定的机床上进行操作，未经允许，不得启用其他任何机床。

(4) 启动机床前，要检查车床传动部件和润滑系统是否正常，各操作手柄位置是否正确，工件、夹具及刀具是否已夹持牢固，周围有无障碍物等，然后开慢车试运转，确认无故障后，方可正常使用。

(5) 操作机床时，不准戴手套；头部不能靠近旋转的工件、卡盘和其他旋转、移动的部件，更不准用手去触摸；不允许站在切屑飞出的方向，以免伤人；高速车削时，要戴上防护镜。

(6) 正确安装刀具和装夹工件，不能将刀具伸出刀架过长，刀尖要与工件中心等高，工件不能装夹过长。

(7) 装夹工件后，卡盘扳手必须随手取下，以防止卡盘扳手飞出造成事故。

(8) 开车后精力要集中，不得离开机床。如确有必要离开，则必须停车，停车时不得用手去刹住车床卡盘。

(9) 车削时，切削速度、切削深度、进给量不能过大，否则将引起刀具损坏、机床过载，甚至电机烧损、机床损坏等。

(10) 自动纵向或横向进给时，大拖板或中拖板勿超过极限位置，以防造成事故。

(11) 变速、换刀、调整卡盘、装夹工件、校正和测量工件等，都必须停车进行，并将刀架移至安全处。校正后，要撤出垫板等物，才能开车。

(12) 禁止使用无柄锉刀锉削工件。持锉刀时，应右手在前、左手在后，身体远离卡盘。

(13) 车床尾座使用完毕后，应将其退回原位，并立即锁紧。

(14) 清除铁屑，必须用专用的钩子或毛刷清除，严禁用手拉拽以及用嘴吹等。

(15) 不得把工具、刀具和量具等放在机床上。不得将量具与工具、刀具放置在一起，对精密量具更要注意使用和保养。

(16) 机床发生故障或事故时，应立即停车，保持现场，并及时报告指导教师。

(17) 工作结束后，应将各操作手柄放置在空档位置，各部件应调整到正常位置，关闭机床开关，切断总电源，扫清切屑，擦拭干净机床，在导轨面上以及需要加注润滑油的地方加注好润滑油，打扫工作场地的卫生，清洁工具、用具。

2.3.2　车床日常维护和保养

在使用机床的过程中，必须重视机床的维护和保养，遵守维护和保养规程及有关规章制度，加强设备的维护和保养，具体内容如下。

(1) 操作前，要观察机床主轴箱油标孔，油位不应低于油标孔的一半。机床启动时，应观察油标孔是否有油输出。同时应使主轴空转 1~2 分钟，使润滑油散布在各处(冬天尤为重要)，待机床运转正常后方可工作。发现主轴箱油量不足或油标孔内无油输出时，应及时报告。

(2) 对进给箱用油绳润滑，每班加机械油一次。床身导轨面和中、小滑板导轨面用油壶浇注润滑油润滑，每班前后均要求注油一次，但不宜太多。车床尾座、中滑板和小滑板手柄的转动部位用弹子油杯加油，每班一次。对挂轮，每周在中间齿轮的油杯上加满工业润滑脂，然后每班将油杯盖旋进半圈。溜板箱上的油脂杯加油方法同样进行。

(3) 为了保持丝杠的精度，除车螺纹外，不得使用丝杠进行自动进刀。

(4) 装夹较重的工件时，应该用木板垫护床面。下班时，如工件不卸下，须用千斤顶支承。

(5) 使用切削液时，要在机床导轨上涂上润滑油。冷却泵中的切削液应定期更换。

(6) 车削铸铁时，工件上的型砂、杂质等应去除。

(7) 刀具磨损后要及时刃磨，用钝刀继续切削会增加机床负荷，甚至会损坏刀具和机床。

(8) 不允许在卡盘上、床身上敲击或校直工件。

(9) 工作中要经常检查润滑系统的供油情况，仔细辨听机床工作情况。如有异常，须立即停车并报告。

(10) 工具、刀具、夹具、量具要分类放置并保持清洁、整齐，在每班结束时擦净整理好并放置稳妥。对工具的使用要按工具的用途进行，不能随意替用，如不能用扳手代替榔锤等。

(11) 下班前应清除机床上及机床周围的切屑及切削液，擦净后按规定在加油部位加注润滑油。将车床床鞍摇至床尾一端锁紧。转动各手柄至空挡位置，切断总电源。

(12) 正确使用机床，认真做好机床设备的日常维护保养工作，使之处于完好的工作状态。

项目3 铣床安全操作规程与日常维护保养

3.1 实习目的

通过本次实习，熟悉并牢记铣削加工设备使用规范，避免安全事故发生，进一步培养安全生产、文明生产、高效生产的素质。

3.2 实习任务

(1) 熟悉并牢记铣床安全文明操作规程。

(2) 熟悉铣床日常维护保养要求，掌握铣床日常维护保养技能。

3.3 实习内容

3.3.1 铣床安全操作规程

铣床安全操作规程如下。

(1) 进入车间实习时，要穿好工作服，大袖口要扎紧，衬衫要系入裤内。女同学要戴安全帽，并将发辫纳入帽内，不得穿凉鞋、拖鞋、高跟鞋、背心、裙子和戴围巾等进入车间。

(2) 严禁在车间内追逐、打闹、喧哗、阅读与实习无关的书刊、看手机上网等。

(3) 应在指定的铣床上进行实习。未经允许，其他机床、工具或电气开关等均不得乱动。

(4) 启动铣床前，要检查铣床传动部件和润滑系统是否正常，各操作手柄是否正确，各进给方向自动停止挡铁是否紧固在最大行程以内，工件、夹具及刀具是否已夹持牢固，检查周围有无障碍物等，确认无误后方可正常使用。

(5) 不准戴手套工作，不准用手摸正在运动的刀具，停车时不得用手去刹住铣床的刀杆。

(6) 开车后精力要集中，不聊天，不离开机床，如要离开，则必须停车。

(7) 变速、更换铣刀、装卸工件、变更进给量或测量工件时，都必须停车。更换铣刀时，要仔细检查刀具是否夹持牢固，同时注意不要被铣刀刃口割伤。

(8) 爱惜工具，不得把工具、量具放在机床工作台上，精密量具使用时更要注意保养。

(9) 铣削时，要选择合适的刀具旋转方向和工件进给方向，切削速度、切削深度、进给量的选择要适当，不然可能引起刀具和工件的损坏。

(10) 要用铁钩或毛刷清理铁屑，不能用手拉或用嘴吹铁屑。

(11) 去除毛刺时，应将工件夹持在虎钳上用锉刀锉削，小心毛刺割手。

(12) 自动走刀控制挡铁要调整准确，不得松动。

(13) 两人操作一台机床时，应分工明确，相互配合，在开车时，必须注意另一个人的安全。

(14) 不要站在切屑飞出的方向，以免伤人，高速铣削时要加防护挡板。

(15) 分度操作时，必须等铣刀完全离开工件后，方可转动分度头手柄。

(16) 工作中如机床发出不正常的声音或发生事故时，应立即停车，保持现场，并报告指导教师。

(17) 工作结束后，应切断电源，扫清切屑，擦净机床，在导轨面上涂防锈油，各部件应调整到正常位置，打扫现场卫生。

3.3.2　铣床日常维护保养

铣床日常维护保养工作如下。

1. 班前保养

(1) 开车前检查各油池是否缺油，并按照机床使用说明书的要求，使用清净的机油进行一次加油。

(2) 检查电源开关外观和作用是否良好，接地装置是否完整。

(3) 检查各部件螺钉、螺帽、手柄、手球及油杯等有无松动和丢失，如发现异常应及时拧紧和补齐。

(4) 检查传动皮带状况是否良好。

(5) 检查电气安全装置是否良好。

2. 班中保养

(1) 观察电机、电气的灵敏性、可靠性、温升、声响及震动等情况。

(2) 检查电气安全装置的灵敏和可靠程度。

(3) 观察各传动部件的温升、声向及震动等情况。

(4) 时刻检查床身和升降台内的柱塞油泵的工作情况，当机床在运转中而指示器内没有油流出时，应及时进行修理。

(5) 发现工作台纵向丝杠轴向间隙及传动有间隙，应按说明要求进行调整。

(6) 主轴轴承的调整。

(7) 工作台快速移动离合器的调整。

(8) 传动皮带松紧程度的调整。

3. 班后保养

工作后必须检查、清扫设备，做好日常保养工作，将各操作手柄(开关)置于空档(零位)，拉开电源开关，达到整齐、清洁、润滑、安全的要求。

项目4　磨床安全操作规程与日常维护保养

4.1　实　习　目　的

通过本次实习，熟悉并牢记车间安全生产的规章制度和日常维护保养，避免安全事故发生，学会对磨削机床正确维护和保养，进一步培养磨削加工安全生产、文明生产、高效生产的素质。

4.2　实　习　任　务

(1) 熟悉并牢记磨床安全文明操作规程。
(2) 熟悉磨床日常维护保养要求，掌握磨床日常维护保养技能。

4.3　实　习　内　容

4.3.1　磨床安全操作规程

磨床安全操作规程如下。

(1) 磨床由专职人员负责管理，任何人员使用该设备及其工具、量具等，必须服从设备负责人的管理。未经允许，不能任意开动机床。

(2) 任何人使用本机床时，必须遵守本操作规程，服从指导教师安排。在实习场地内，禁止大声喧哗、嬉戏追逐，禁止吸烟，禁止从事未经指导教师同意的工作，不得随意触摸、启动各种开关。

(3) 砂轮是易碎品，在使用前须目测检查有无破裂和损伤。安装砂轮前，必须核对砂轮主轴的转速，不准超过砂轮允许的最高工作速度。

(4) 调换砂轮时，必须认真检查，砂轮规格应符合要求，无裂纹，响声清脆，并经过静平衡试验，砂轮经过第一次整形修整后或在工作中发现不平衡时，应重复进行静平衡试验；新砂轮安装时一般应经过二次平衡，以防产生震动。安装后应先空转 3～5min，确认正常后方可使用。在试运转时，人应站在砂轮的侧面。

(5) 砂轮安装在砂轮主轴上之后，必须将砂轮防护罩重新装好，将防护罩上的护板位置调整正确，紧固后方可运转。

(6) 安装的砂轮应先以工作速度进行空运转。空运转时间为：直径≥400mm，空运转时间>5min；直径<400mm，空运转时间>2min。空运转时，操作者应站在安全位置，即砂轮的侧面，不应站在砂轮的前面或切线方向。

(7) 无心磨床在工作时，不得用手从两砂轮中间抚摸工件。

(8) 磨削前，必须仔细检查工件是否装夹正确、紧固是否牢靠、磁性吸盘是否失灵。

用磁性吸盘吸高而窄的工件时，在工件前后应放置挡铁，以防工件飞出。

(9) 磨床操作时，进给量不能过大。磨削细长工件的外圆时，应装中心支架。开车时，不准测量工件。严禁在砂轮旋转和砂轮架横向进给的工作范围内放置杂物。

(10) 按规程用圆周表面做工作面的砂轮，不宜使用侧面进行磨削，以免砂轮破碎。

(11) 砂轮磨损后，允许调节砂轮主轴转速以保持砂轮的工作速度，但不准超过该砂轮上标明的速度。

(12) 工作完毕停车时，应先关闭冷却液，让砂轮运转 2～3min 进行脱水，方可停车。然后做好保养工作，刷清铁屑灰尘，润滑加油，切断电源。

(13) 工作结束或工间休息时，应将磨床的有关操纵手柄放在"空挡"位置上。当操作突然发生故障时，操作者应立即按带自锁的急停按钮。

(14) 检查工件、装卸工件、处理机床故障，要将砂轮退离工件后停车进行。

(15) 平面磨削时，不准在工作面、工件、电磁盘上放置非加工物品，禁止在工作面、电磁盘上敲击工件。

(16) 要保持工作环境的清洁，每天下班前 15min，要清理工作场所；同时每天必须做好防火、防盗工作，检查门窗是否关好，相关设备和照明电源开关是否关好。

(17) 操作磨床时必须精力集中，不允许离开机床或做任何违章操作。

4.2.2　磨床日常维护与保养

磨床要做好以下的日常维护、保养工作。

(1) 对照机床使用说明书，了解自己所操作磨床的性能、规格及各操纵手柄的功用和操作要求，应特别重视使用说明和注意事项等部分。

(2) 开动磨床前，应根据加工要求正确调整机床，检查各运动部件移动是否轻便、灵活。

(3) 在工作台面上调整头架和尾座位置时，必须先将台面与头架、尾座的接缝处擦干净，并涂上一层润滑油后才能移动位置。

(4) 装卸较大或较重的工件时，应在工作台面上垫放木板，以防碰伤工作台面。

(5) 选择磨削用量时，要考虑机床的能力，不能采用过大的进给量，严禁超负荷磨削。

(6) 在磨削过程中，必须注意砂轮主轴轴承的温度，如发现温度过高，应立即停车检查原因。

(7) 离开磨床时必须停车，以免发生故障。

(8) 工作完毕必须清除磨床上的磨屑和残留冷却液，将工作台面、外露导轨面等仔细擦干净，然后涂上一薄层润滑油。

(9) 经常注意擦去机床外壳上的灰尘、污垢等，保持外表整洁，保护好油漆面。

(10) 必须注意对磨床各附件的保养，以免锈蚀或缺损。

除了日常维护、保养外，还要定期做全面的维护和保养。当累计运行 500h 后，要进行一次以操作者为主、维修人员为辅的一级保养，即对机床进行局部解体和检查，清洗规定的部位，疏通油路，调整各部位的配合间隙等。当累计运行 2500h 后，要进行一次以维修人员为主、操作者为辅的二级保养，主要是对机床进行部分解体和检查修理，局部恢复失去的精度。

第2篇 车削加工

项目5 车削加工基本知识与技能

5.1 实习目的

通过本次实习，树立安全文明生产的意识，熟悉并掌握车削加工的基本知识；熟悉并掌握车床原理、结构、传动路线和各操控手柄的作用及操控技能；熟悉并掌握车削过程中一些常用附件及工具的应用；熟悉并掌握车削过程中常用刀具种类、性能及使用要点；熟悉并掌握常用刀具装夹以及坯料装夹。

5.2 实习任务

(1) 熟悉并掌握车床原理、结构、车削运动传动路线。
(2) 熟悉并掌握各操控手柄的作用及操控技能。
(3) 熟悉并掌握常用车刀的种类、性能及使用要点，理解刀具切削角度及其意义。
(4) 完成 90°外圆车刀、切槽(断)刀、60°外螺纹车刀、内孔车刀、45°倒角车刀、A3 中心钻装夹。
(5) 熟悉并掌握坯件的常用装夹方法，完成 $\phi 25 \times 400$ 圆轴坯料的悬臂装夹。

5.3 实习器材准备

0～150mm 游标卡尺、90°外圆车刀、4×170mm 切槽(断)刀、60°外螺纹车刀、内孔车刀、45°倒角车刀、A3 中心钻、$\phi 3 \sim 16$ 钻夹头、$\phi 25 \times 400$ 圆棒料、垫片、卡盘扳手、方刀架扳手、毛刷、棉纱。

5.4 实习内容与操作要点

5.4.1 车床简介

1. 车床

车床是一种用于加工具有回转形表面及其端面的机床。在一般的机械制造企业中，车床占机床总数的 20%～35%，是机械制造中的重要设备之一，如图 5-1、图 5-2 所示，CA6140 型卧式车床、CDE6140A 型卧式车床等都是广泛应用的车床。其中："C"表示车床类，"C"后面的"A"和"DE"均是结构特性代号，"6"表示落地及卧式车床组，"1"表示卧式车床系，"40"表示床身上最大工件回转直径为 400mm，最后的"A"表示改进序号。

图 5-1　CA6140 型卧式车床

图 5-2　CDE6140A 型卧式车床

2. 车床工艺范围

应用车床可以加工各种回转体内外表面及其端面，其工艺范围很广。就其基本内容来说，有车端面、车外圆、车外圆锥、切槽和切断、镗孔、切内槽、钻中心孔、钻孔、铰孔、锪锥孔、车外螺纹、车内螺纹、攻螺纹、车成形面和滚花等，如图 5-3 所示。采用特殊的装置或技术后，在车床上还可以车削非圆零件表面，如凸轮、端面螺纹等。借助标准或专用夹具，还可以完成非回转体零件上的回转体表面的加工，如在车床上装上一些附件或夹具，还可以进行镗削、磨削、研磨、抛光等。

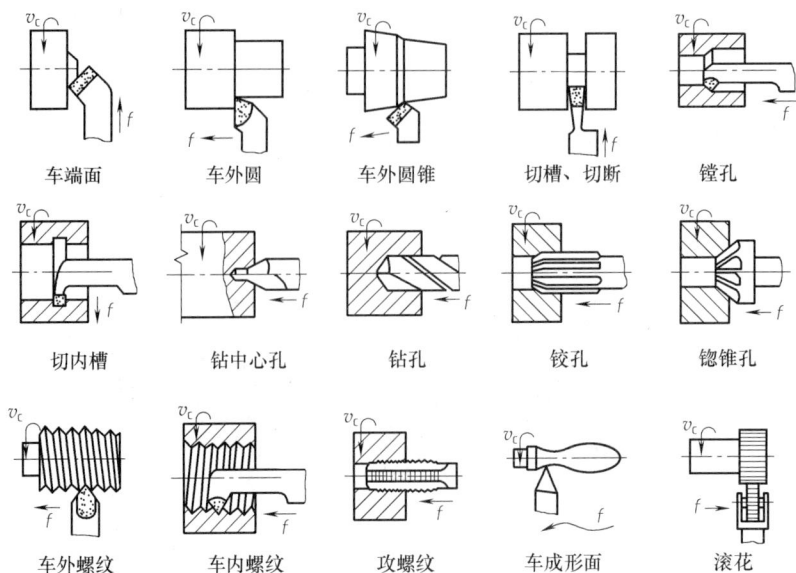

车端面　　车外圆　　车外圆锥　　切槽、切断　　镗孔

切内槽　　钻中心孔　　钻孔　　铰孔　　锪锥孔

车外螺纹　　车内螺纹　　攻螺纹　　车成形面　　滚花

图 5-3　车床工艺范围

3. 车床组成结构

CA6140、CDE6140A 型车床外形结构如图 5-4、图 5-5 所示，由主轴箱、刀架总成、冷却照明装置、尾座、床身、床脚、丝杠、光杠、操纵杆、溜板箱、进给箱、交换齿轮箱等部分组成。

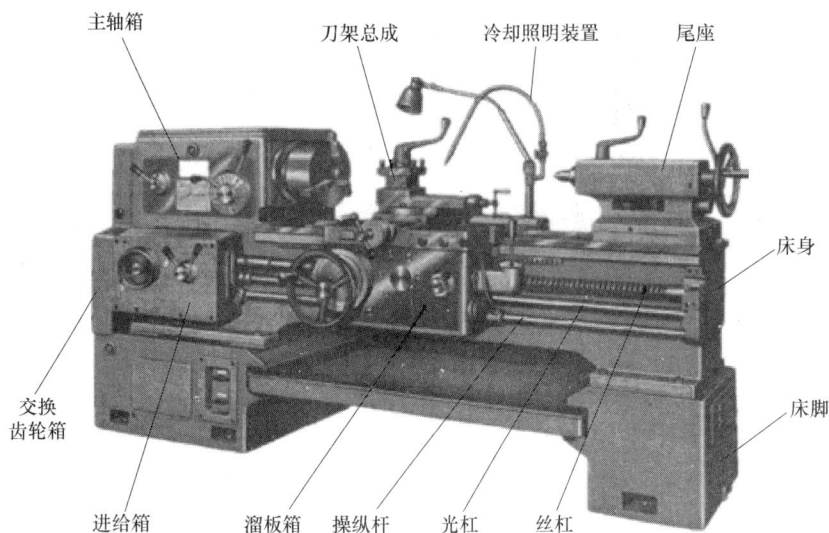

主轴箱　　刀架总成　　冷却照明装置　　尾座　　床身　　交换齿轮箱　　床脚　　进给箱　　溜板箱　　操纵杆　　光杠　　丝杠

图 5-4　CA6140 型普通卧式车床

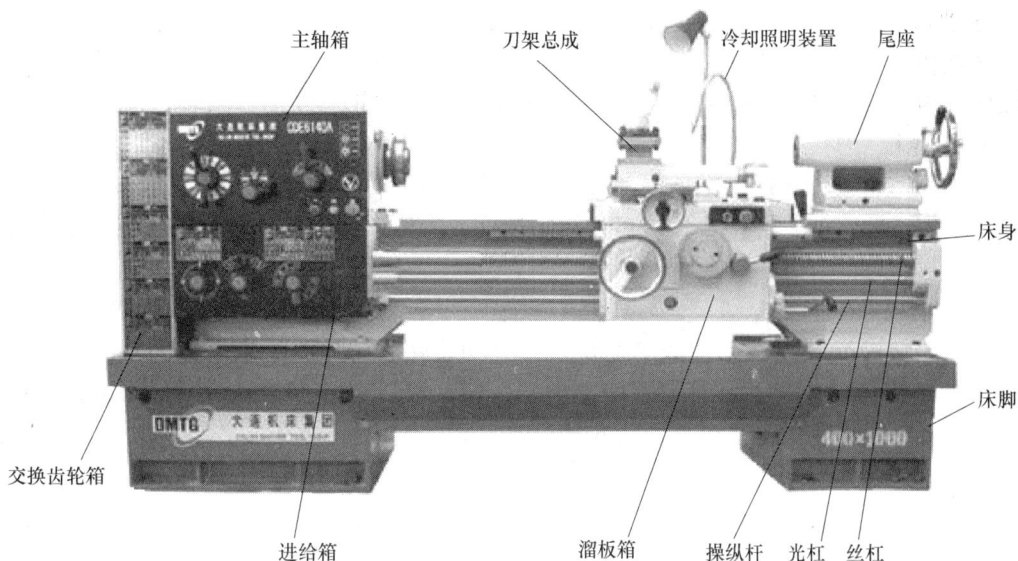

图 5-5 CDE6140A 型普通卧式车床

1) 主轴箱

主轴箱，也称床头箱，是支承并传动主轴带动工件做旋转主运动的部件。箱内装有齿轮、轴等，组成变速传动机构，变换主轴箱的手柄位置，可使主轴得到多种转速。主轴通过卡盘等夹具装夹工件，并带动工件旋转，以实现车削。

2) 刀架总成

刀架总成由方刀架、小滑板、转盘等共同组成，用于安装车刀并带动车刀做纵向、横向或斜向运动。方刀架上装有刀具紧固螺钉，在方刀架最上面有方刀架锁紧手柄。

3) 冷却、照明装置

冷却装置主要通过冷却水泵将水箱中的切削液加压后喷射到切削区域，降低切削温度，冲洗切屑，润滑加工表面，以提高刀具使用寿命和工件的表面加工质量。照明装置供光照不足时照明用，它由 36V 低压电源供电。

4) 尾座

尾座安装在床身导轨右侧上，并可沿导轨纵向移动，以调整其工作位置。尾座主要用来安装后顶尖，以支承较长工件，也可以安装麻花钻、铰刀、丝锥等对孔进行加工。

5) 床身

床身是车床精度要求很高的一个大型基础部件，它带有山形导轨和平导轨，它支承和连接车床的各个部件，并保证各部件在工作时有准确的相对位置，具有很高的刚度。

6) 床脚

床脚包括前后两个床脚，分别与床身前后两端下部连为一体，用以支承安装在床身上的各部件。同时，通过地脚螺栓和调整垫块使整台车床固定在工作场地上，并使床身调整到水平状态。

7) 丝杠

丝杠传递车螺纹所需运动，它是一根带有单头梯形螺纹的长轴，螺纹螺距为 12mm。

8) 光杠

光杠传递机动进给所需运动。它是一根带有滑动键槽的长轴，通过它所传递的运动，可以使纵横拖板做纵横向运动。有些机床的光杠是由六方钢制作的，没有滑动键槽。

9) 操纵杆

操纵杆的两端装有操纵手柄，同时与机床主轴箱中的双向摩擦式离合器相连。通过操纵它，可以接通或断开运动，也可以使运动反向。同样，有些机床的操纵杆也是由六方钢制作的。

10) 溜板箱

溜板箱接受光杠或丝杠传递的运动，以驱动床鞍和中、小滑板及方刀架实现车刀的纵、横向进给运动。其上还装有一些手柄及按钮，可以很方便地操纵车床来选择诸如机动、手动、车螺纹及快速移动等运动方式。

11) 进给箱

进给箱，也称走刀箱，是进给传动系统的变速机构。它把交换齿轮箱传递过来的运动，经过变速后，如果再传递给丝杠，就可以实现车削各种螺纹；如果再传递给光杠，就可以实现机动进给。

12) 交换齿轮箱

交换齿轮箱，又称挂轮箱，它把主轴箱的运动传递给进给箱。更换箱内齿轮，配合进给箱内的变速机构，可以得到车削各种螺距螺纹(或蜗杆)的进给运动，并满足车削时对不同纵、横向进给量的需求。

4. 车床运动

为了完成车削工作，工件与刀具之间必须要有相对运动，这是由车床的主运动和进给运动来完成的。车床的主运动和进给运动，称为车削运动，它是通过车床的传动系统来完成的。

在车床的车削运动中，工件的旋转运动是车床的主运动，它的功用是使工件做旋转运动，以获得所需的切削速度。主运动是实现切削最基本的运动，它的运动速度较高，消耗的功率较多；方刀架的直线移动是车床的进给运动，以使工件不断地投入切削。方刀架可以做平行于工件旋转轴线的纵向进给运动，如车圆柱表面；也可以做垂直于工件旋转轴线的横向进给运动，如车端面；还可做与工件旋转轴线呈一定角度方向的斜向运动，如车圆锥表面；或做曲线运动，如车成形回转面等。进给运动的速度较低，所消耗的功率也较少。

5. 车床运动传动

车床运动的传动是从首端件电动机开始，经过各中间齿轮或丝杆螺母等中间传动装置，最后到各末端件(执行件)。

CA6140、CDE6140A 型车床传动系统框图如图 5-6 所示。运动从电动机输出后，驱动传动带把运动输入到主轴箱，经主轴箱后分两路传递，一路通过主轴箱变速机构变速后从主轴输出，使主轴得到不同的转速，再通过卡盘(或夹具)带动工件旋转以形成主运动；另一路再经交换齿轮箱、进给箱、光杠(或丝杠)、溜板箱等使各拖板运动以形成进给运动。

进给箱的输出有光杠输出和丝杠输出。光杠输出动力时，用于各拖板运动以形成机动进给运动，它用于车削外圆、内孔、端面等光滑表面。丝杠输出动力时，用于形成车螺纹运动，它用于车削各种螺纹。

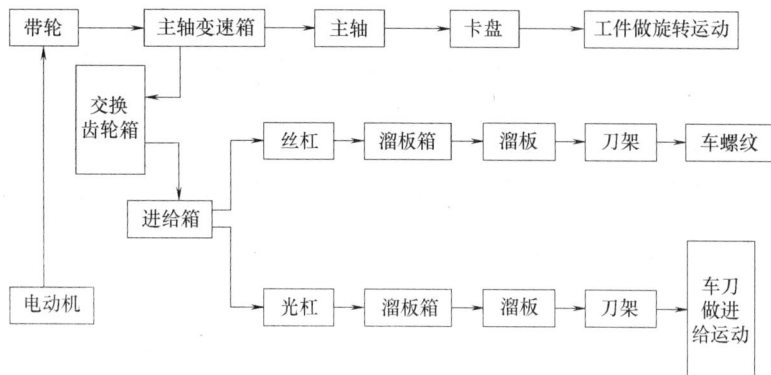

图 5-6　CA6140、CDE6140A 型车床传动系统框图

需要注意的是，为了减轻工人的劳动强度及节省手动移动方刀架所消耗的时间，在 CA6140、CDE6140A 型等普通车床中，方刀架的纵向或横向快速运动是由单独的快速电机驱动的。

熟悉车床传动系统，可以在车床发生故障时，及时了解和排除故障。车削特殊规格螺纹时，可以方便地调整交换齿轮和变换进给箱手柄位置等。因此，熟悉车床传动系统很有必要。

6. CA6140、CDE6140A 型车床的特点

CA6140、CDE6140A 型车床具有以下几个方面的特点。

(1) 机床刚性好，抗震性能好，可以进行高速强力切削和重载荷切削。

(2) 机床操纵手柄集中，安排合理，溜板箱有快速移动机构，进给操纵较直观，操作方便，减轻了劳动强度。

(3) 机床具有高速细进给量，加工精度高，表面粗糙度小，其公差等级能达到 IT6～IT7，表面粗糙度可达 $Ra0.8\mu m$。

(4) 机床溜板刻度盘有照明装置，尾座有快速夹紧机构，操作方便。

(5) 机床外形美观，结构紧凑，清除切屑方便。

(6) 床身导轨、主轴锥孔及尾座套筒锥孔都经表面淬火处理，使用寿命长。

CA6140、CDE6140A 等卧式车床的通用性强，应用广泛，但结构复杂，而且自动化程度低，在加工形状比较复杂的工件时，换刀比较麻烦，加工过程中辅助时间较长，因而，机床生产效率低，同时劳动强度较大，故只适用于单件、小批量生产及在修理车间使用。

7. 各操控手柄(手轮)的作用及操控技能

1) 各操控手柄(手轮)的作用

(1) 主轴变速操控手柄。

主轴箱的面板上有用于变换主轴速度的操控手柄。根据主轴箱面板上的变速指示铭牌，扳转各主轴变速操控手柄，即可对主轴的旋转速度进行变换。需要注意的是，在变换

速度时，一定要在机床静止状态下进行操作。

(2) 进给变速操控手柄(手轮)。

进给箱的面板上有用于变换刀具进给速度的操控手柄。根据进给箱面板上的变速指示铭牌，扳转各进给变速操控手柄，即可对刀具的进给速度进行变换。需要注意的是，在变换速度时，一定要在停机状态下进行。

(3) 溜板箱操控手柄。

溜板箱上的操控手柄较多，有拖板纵横向运动的操控手柄、开合螺母手柄、纵向手动手轮等，其操控功能如下。

① 拖板纵横向运动的操控手柄。

它是一个对纵横向运动进行集中操控的手柄。左右或前后扳转该操控手柄，可以非常方便地实现纵向或横向的机动进给。同时，在该手柄顶端上还有快速按钮，扳转该操控手柄并配合快速按钮，可使纵横向拖板向手柄指示方向进行快速运动。

② 开合螺母手柄。

在丝杠旋转、光杠停转的情况下，扳转开合螺母手柄，使开合螺母与丝杠结合即可车削螺纹，此时，纵横向运动的操控手柄被开合螺母手柄锁住，无法扳转；相反，在丝杠停转、光杠旋转的情况下，扳转纵横向运动的操纵手柄，使机动齿轮与光杠结合即可车削圆柱面，此时，开合螺母手柄被机动手柄锁住，同样无法扳转。也就是说，如果机动手柄和开合螺母手柄均处于空位，可任意扳动其中一个；反之，如果已扳转其中任意一个手柄，则另一个手柄将无法扳转，这种类型的机构称之为互锁机构，即机动手柄机构和开合螺母机构是互锁机构。

③ 纵向手动手轮。

除前述机动手柄外，大拖板(床鞍)也可用手轮操控，使其能纵向手动移动。手轮上附有刻度盘，纵向拖板刻度盘上最小刻度是 1mm。

需要说明的是，在 C616 等一些旧型号车床中，溜板箱面板上的纵横向拖板运动的操控手柄是分别设置的，根据溜板箱面板上的指示铭牌，扳转相应的操控手柄，即可对纵横向拖板运动进行操控。

(4) 横向手动手柄及方刀架手柄。

在溜板箱之上是中拖板，然后是方刀架总成，它包括转盘、小滑板、方刀架和方刀架锁紧手柄。中拖板上有横向手动手柄，横向拖板刻度盘是每格 0.05mm(有些小型机床是0.02mm)。小滑板上的手动手柄，其上的刻度盘也是每格 0.05mm(有些小型机床也是0.02mm)，可以使方刀架做精确的短距离直线移动，也可以用它车削短圆锥等。方刀架上有刀具压紧螺钉，用以压紧刀具。

(5) 尾座操控手柄(手轮)。

尾座上有尾座套筒进给手轮和尾座套筒锁紧手柄、尾座锁紧手柄。旋转尾座套筒进给手轮，可使尾座套筒纵向进退，从而使其上的刀具或顶尖纵向进退。扳转尾座套筒锁紧手柄，可锁紧尾座套筒。扳转尾座锁紧手柄，可锁紧尾座。顺便说明一下，有些尾座上没有尾座锁紧手柄，而是用两颗尾座锁紧螺钉来锁紧尾座的。此时，旋紧尾座锁紧螺母，亦可锁紧尾座。

2) 各操控手柄(手轮)操控技能

在扳转(旋转)各操控手柄(手轮)时，应仔细核对指示铭牌标识，并将各操控手柄(手轮)扳动(旋转)到各定位凹坑中。同时，动作应平稳，切忌动作过猛。

需要特别注意的是，在调整速度时，一定要在机床静止状态下进行操作。在各手柄未正确扳转到位时，严禁启动机床。

5.4.2　车削常用刀具、车刀结构、切削参数及车刀装夹

1. 车削常用刀具

车削常用刀具很多，根据通常的分类方法，可将其分为如下几类。

1) 根据刀具的材料划分

根据刀具的材料划分，一般车削加工中最常用的主要有高速钢刀具和硬质合金刀具。

(1) 高速钢刀具。高速钢是一种含钨(W)、铬(Cr)、钼(Mo)、钒(V)等合金元素较多的工具钢，其红硬性为 550～650℃。与硬质合金相比，其特点是柔、韧，可以刃磨得很锋利，适合制作各种结构复杂的刀具，如成形车刀、铣刀、钻头、铰刀、齿轮刀具和螺纹刀具等，用于切削速度不太高和硬度较低的切削加工中。

(2) 硬质合金刀具。硬质合金是钨(W)和钛(Ti)的碳化物加钴(Co)作为黏结剂，经高压成形后再经过高温烧结而成的粉末冶金材料，其红硬性为 850～1000℃。与高速钢相比，其特点是硬、脆，难磨且不锋利，只适合制作成结构非常简单的小刀片，广泛用于高速和高硬度的切削加工中。硬质合金有 K 类(相当于 YG 类)、P 类(相当于 YT 类)和 M 类(相当于 YW 类)：K 类适于加工硬脆材料(如铸铁、有色金属和某些非金属材料)；P 类适合于加工一般钢材；M 类主要适于切削一些难加工材料，如铸钢、合金铸铁、耐高温合金等。

2) 根据刀具的固定方式划分

根据刀具的固定方式，分为机夹式刀具、焊接式刀具和黏结式刀具等几种。

(1) 机夹式刀具。机夹式刀具就是使用机械夹固的方式固定刀具切削部分。其优点是可拆卸，当刀片破损后可以更换，同时避免了采用焊接所引起的刀片退火和热裂，目前基本上均采用了这种方法。这种刀具的缺点是结构稍复杂。

(2) 焊接式刀具。焊接式刀具就是用铜焊的方式将刀片焊接在刀体上，结构简单，但焊接易引起刀片退火和热裂，目前已被淘汰，只在一些必须使用的场合应用。

(3) 黏结式刀具。黏结式刀具避免了机夹式的复杂结构，也避免了焊接式带来的刀片退火和热裂，但承载力较弱，高温下易脱落，目前也只用在一些如轻载、低温等特殊场合。

3) 根据刀具的工艺用途划分

根据刀具的工艺用途，可以分为以下几种。

(1) 外圆车刀：用于车削工件外圆。

(2) 内孔车刀：用于车削工件内孔。

(3) 切槽(切断)车刀：用于在工件上车槽或将工件切断。

(4) 螺纹车刀：用于在工件上车螺纹。

(5) 端面车刀：用于车削工件端面。

(6) 倒角车刀：用于车削工件圆柱面与端面之间的棱边。

2. 车刀的结构组成

车刀是由刀头和刀体两部分构成，如图 5-7 所示。刀头是车刀的切削部分，承担切削工作；刀体是夹持部分，用来安装刀片和与机床连接。切削部分的组成可以概括为由三个刀面、两条刀刃、一个刀尖组成。切削部分形状复杂、几何参数众多，在切削过程中起着非常重要的作用。

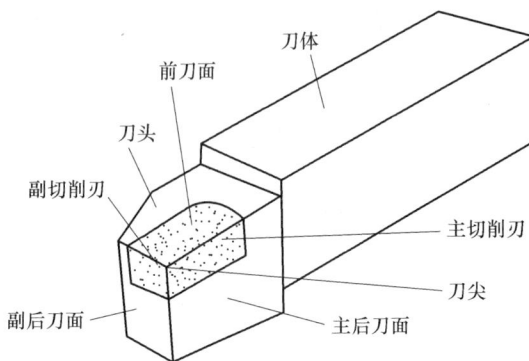

图 5-7　车刀的结构

1) 刀面

(1) 前刀面 A_γ：刀具上切屑流过的表面。

(2) 主后刀面 A_α：切削时与工件上过渡表面相对的刀具表面。

(3) 副后刀面 A_α'：切削时与工件已加工的表面相对的刀具表面。

2) 刀刃

(1) 主切削刃 S：前刀面与主后刀面的交线。它完成主要的切削工作。

(2) 副切削刃 S'：前刀面与副后刀面的交线。它配合主切削刃完成切削工作，并最终形成已加工表面。

3) 刀尖

刀尖是主切削刃和副切削刃的交点。在实际应用中，为增加刀尖的强度与耐磨性，一般在刀尖处磨出一小段直线，形或圆弧形的过渡刃。

3. 切削部分参数

刀具要从工件上切下金属，刀具的切削部分就必须具备一定的切削角度，这些角度决定了刀具切削部分各表面的空间位置。为了确定刀具上刀面及切削刃在空间的位置，首先应建立空间参考系，它是一组用于定义和规定刀具角度的参考平面。参考系可分为刀具静止参考系和刀具工作参考系两类，本书主要介绍刀具静止参考系。

在设计、制造、刃磨和测量时，用于定义刀具几何参数的参考系称为刀具静止参考系，也称标注角度参考系。在该参考系中定义的角度称为刀具的标注角度。静止参考系中最常用的刀具标注角度参考系是正交平面参考系(其他参考系有法平面参考系、假定工作平面参考系等)。

如图 5-8 所示，正交平面参考系由三个参考平面构成，这三个参考平面在空间中是相互垂直的。

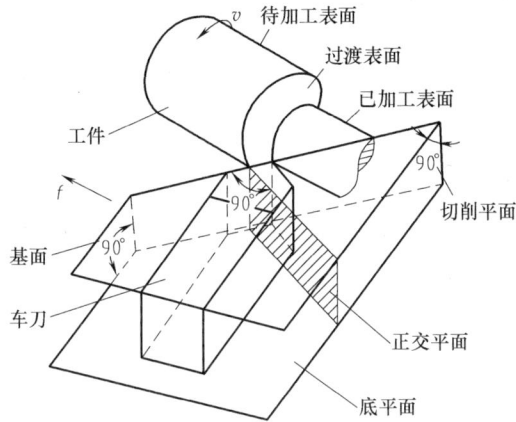

图 5-8　正交平面参考系

(1) 基面 $P_γ$：过切削刃上选定点，垂直于该点切削速度方向的平面，通常平行于车刀的安装面(底面)。

(2) 切削平面 P_s：过切削刃上选定点，垂直于基面并与主切削刃相切的平面。

(3) 正交平面 P_0：也称主剖面，是指过切削刃上选定点，同时与基面和切削平面垂直的平面。

与此类似，还有副切削平面 $P_s{}'$、副正交平面 $P_0{}'$ 等。

4. 刀具的标注角度、作用与选择

如图 5-9 所示，车刀的标注角度主要有前角($γ_0$)、后角($α_0$)、副后角($α_0{}'$)、主偏角($κ_r$)、副偏角($κ_r{}'$)和刃倾角($λ_s$)共六个独立角度。

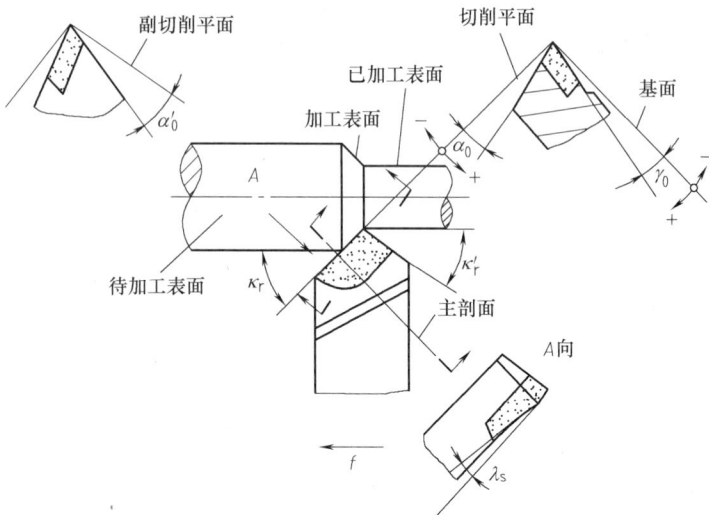

图 5-9　车刀的标注角度

(1) 前角γ_0。

在主剖面中测量，前角γ_0是前刀面与基面之间的夹角。其作用是使刀刃锋利，便于切削。前角越大，则刀具越锋利，但前角也不能太大，否则会削弱刀刃的强度，容易磨损甚至崩坏。加工塑性材料时，前角可选大一些，如用硬质合金车刀切削钢件，可取前角$\gamma_0=10°\sim20°$；加工脆性材料时，车刀的前角γ_0应比粗加工大，以利于刀刃锋利，工件的粗糙度小。

(2) 后角α_0。

在主剖面中测量，后角α_0是主后刀面与切削平面之间的夹角。其作用是减小车削时主后刀面与工件之间的摩擦，一般取$\alpha_0=6°\sim12°$，粗车时取小值，精车时取大值。

(3) 副后角$\alpha_0{}'$。

在副剖面中测量，它是副后刀面与副切削平面之间的夹角，其作用与后角α_0相似。

(4) 主偏角κ_r。

在基面中测量，它是主切削刃在基面的投影与进给方向的夹角。它的作用有：①可改变主切削刃参加切削的长度，影响刀具寿命；②影响径向切削力的大小。小的主偏角可增加主切削刃参加切削的长度，因而散热较好，对延长刀具使用寿命有利。但在加工细长轴时，因工件刚度不足，小的主偏角会使刀具作用在工件上的径向力增大，易产生弯曲和振动，因此，主偏角应选大一些。车刀常用的主偏角有90°、75°、60°、45°等几种，其中90°、45°应用较多，如90°外圆车刀、45°外圆倒角刀等。

(5) 副偏角$\kappa_r{}'$。

在基面中测量，它是副切削刃在基面上的投影与进给反方向的夹角，其主要作用是减小副切削刃与已加工表面之间的摩擦，以改善已加工表面的粗糙度。在切削深度a_p、进给量f、主偏角κ_r相等的条件下，减小副偏角$\kappa_r{}'$，可减小车削后的残留面积，从而减小表面粗糙度，一般选取$\kappa_r{}'=5°\sim15°$。

(6) 刃倾角λ_s。

在切削平面中测量，它是主切削刃与基面的夹角，其作用主要是控制切屑的流动方向。主切削刃与基面平行，$\lambda_s=0°$；刀尖处于主切削刃的最低点，λ_s为负值，刀尖强度增大，切屑流向已加工表面，用于粗加工；刀尖处于主切削刃的最高点，λ_s为正值，刀尖强度削弱，切屑流向待加工表面，用于精加工。车刀刃倾角λ_s一般在-5°$\sim$+5°选取。

5. 刀具工作角度

刀具在工作参考系中确定的角度称为刀具工作角度，又称实际角度。

上述刀具的标注角度，是在没有进给运动以及刀具安装准确的情况下的角度，是刀具的设计角度。然而，刀具在实际切削时，由于刀具实际进给运动和安装不准确的影响，刀具角度的参考系将发生变化，因而其工作角度就会不同于标注角度，这样就使得刀具的切削性能受到影响。因此，在装刀过程中，要严格遵循刀具安装规范，尽量使刀具安装准确，在兼顾加工效率的情况下，可适当降低进给速度。这样不仅使刀具的受力情况得到改善，也使刀具的工作角度与标注角度基本相符，令刀具的切削能力得到充分发挥，从而达到优质、高效、低耗的加工效果。

6. 车刀装夹及要点

1) 车刀装夹

将车刀正确地装夹到方刀架上，使之能担负对工件切削加工的操作，称为车刀装夹。

2) 车刀装夹要点

(1) 采用增减刀具垫片的方法使刀尖与主轴轴线等高。

(2) 刀具悬伸长度保持在 10～15mm。

(3) 刀具中剖面与主轴线垂直。

(4) 车刀装上后，先用手拧紧刀架螺钉，然后再使用专用刀架扳手将相邻的两颗螺钉交替拧紧。

5.4.3　坯料装夹

将坯料定位于夹具中并将坯料夹紧的操作称为坯料装夹。

1. 坯料装夹方式

坯料在车床上的装夹方式有：①悬臂方式；②一夹一顶方式；③双顶尖方式；④中心架方式；⑤花盘方式；⑥专用夹具方式。

其中，悬臂装夹方式是较为简单的坯料装夹方式，也是最常用、最重要的装夹方式，主要用于一些轴向尺寸较短的轴类和盘套类坯料的装夹。

1) 卡爪名义直径确定

如图 5-10 所示，用悬臂装夹方式装夹坯料时，将三爪卡盘的卡爪用卡盘扳手旋开或收拢，其卡爪名义直径比坯料大(夹持坯料外圆)或小(夹持坯料内孔)约 10mm。例如，对于 $\phi25$ 棒料，使三爪撑开至名义直径 $\phi35$ 左右，然后将棒料放入，再用卡盘扳手夹紧即可。

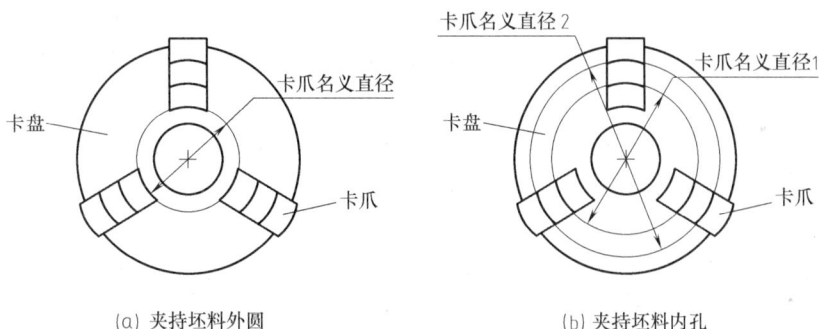

(a) 夹持坯料外圆　　　　(b) 夹持坯料内孔

图 5-10　卡爪名义直径

2) 坯料悬伸长度确定

坯料的悬伸长度根据工件要求的长度确定，应坚持悬伸长度越短越好的原则，只要能保证工件顺利加工即可。通常情况下，如工件无特殊要求，一般可取比工件要求长度长 25mm 左右，如图 5-11 所示，即：

$$坯料悬伸长度=工件长度+25mm$$

例如，工件要求长度为 50mm，则坯料悬伸长度约为 75mm。对于有些较长的工件，其坏料悬伸长度可适当长一些，但最长不得超过 100mm，这需要特别注意。如个别情况下需要超过该长度，必须在指导教师的指导下装夹。

3. 坏料装夹注意事项

坏料装夹需要注意以下几个方面的事项。

(1) 装夹坏料前，要将各操作手柄放置在空位上。

(2) 装夹坏料时，身体各部位要远离各操作手柄，特别是电源开关更要注意避开。装夹过程较长时，还要切断主电源。

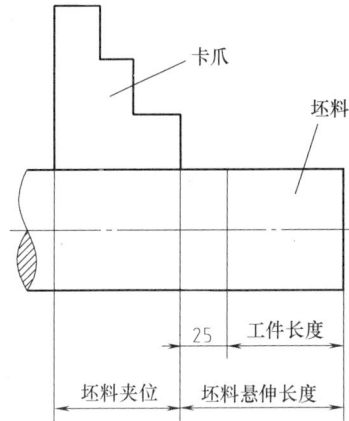

图 5-11 坏料悬臂装夹

(3) 装夹较重的坏料时，床身导轨上要放置木板，以防坏料掉下。

(4) 装夹时要夹紧，但不能过紧，禁止在卡盘扳手上使用加长臂装夹。

(5) 棒料夹紧后，卡盘扳手必须立即取下放入工具盘中，不得留置在卡盘上。

(6) 卡爪夹持部位的坏料(称为夹位)长度应保证坏料被装夹牢固，除特殊情况外，夹位长度不得小于卡爪长度。

(7) 坏料夹位处应无毛刺、无弯曲、无环形槽、无锥度、无台阶、无粗糙不平、无椭圆、无锈蚀等缺陷。

项目 6   工件基本表面车削加工

6.1   实 习 目 的

通过本次实习，进一步熟悉并掌握棒料类坯料装夹方式及技能，熟悉并掌握切削用量的选择与调整，熟悉并掌握工件端面、外圆、切槽、倒角、钻中心孔等车削加工的基本方法和技能，同时对各操控手柄(手轮)操控进一步熟悉并掌握。

6.2   实 习 任 务

加工完成如图 6-1 所示的工件。

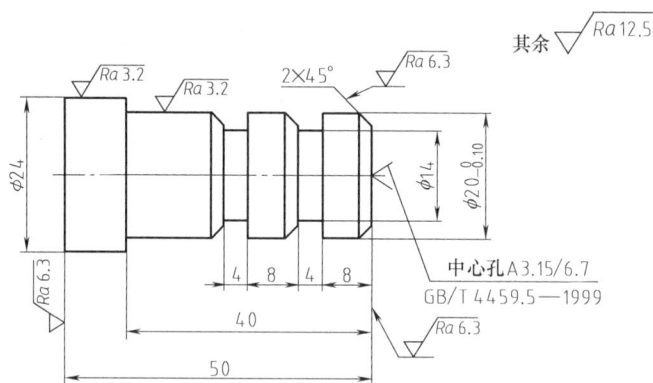

图 6-1   车削基本表面

6.3   实习器材准备

游标卡尺、90°外圆车刀、切槽(断)车刀、45°倒角(端面)车刀、A3 中心钻、$\phi3\sim$$\phi16$ 钻夹头、$\phi25\times400$ 圆棒料、垫片、卡盘扳手、方刀架扳手、毛刷、棉纱。

6.4   工件外圆等表面的车削加工工艺

$\phi25\times400$ 圆棒料下料→棒料装夹→刀具装夹→调整机床切削用量→端面粗精车至尺寸→$\phi20\times40$ 外圆粗精车至尺寸→$\phi24(\times10)$ 外圆粗精车至尺寸→切槽刀对刀→$\phi14\times4$ 切槽(三处)至尺寸→$2\times45°$(三处)倒角至尺寸→钻中心孔 A3 至尺寸→工件切断。

6.5　实习内容与操作要点

6.5.1　坯料装夹

将 ϕ25×400 棒料按悬臂装夹方式装夹在车床的三爪卡盘上。装夹时注意坯料的悬伸长度为 75mm，同时要特别注意按装夹要求和要领完成装夹。

6.5.2　刀具装夹

将 90°外圆车刀、切槽(断)刀、45°倒角(端面)车刀按刀具装夹要求正确地安装到方刀架上，将 A3 中心钻安装在钻夹头上，然后再安装到车床尾座中。

6.5.3　切削用量的选择与调整

切削用量是用于表示主运动、进给运动和切入量参数的数量，它包括切削速度 v、进给量 f 和切削深度 a_p 这三个要素。

1) 切削速度 v

切削速度即主运动的线速度，它是衡量主运动大小的参数，一般选择在 350(粗)～450(精)r/min。

2) 进给量 f

进给量是指工件每转一转，车刀沿进给方向移动的距离，它是衡量进给运动快慢的参数。进给量分为纵向进给量和横向进给量两种。纵向进给量是指沿着车床床身导轨方向的进给量，横向进给量是指垂直于车床床身导轨方向的进给量。一般纵向进给量选择在 0.5(粗)～0.1(精)mm/r，横向进给量要比纵向进给量小得多。

3) 切削深度 a_p

切削深度也称背吃刀量，即车刀切入工件的深度，它是在垂直于刀具进给方向上度量的，粗加工时一般选择在 2～3mm，精加工时一般选择 0.5～0.1mm。

注意：　切槽或切断时，为使切削顺利，避免震动和断刀，一般将切削速度调整为 120～250r/min，进给速度为 0.05～0.2mm/r。

1. 切削用量选择

在选择切削用量时，需要考虑的因素较多，有些因素相互间是制约的，因而切削用量的精确选择是比较复杂的。一般应用时，主要依据下述原则来选择切削用量，即：在粗加工时，主要是快速去除工件上的大块余量，应以效率为主要考虑方面，适当考虑加工质量；而在精加工时，主要保证工件的加工质量，应以质量为主要考虑方面，适当考虑加工效率。有些时候，为从粗加工顺利过渡到精加工，中间可安排半精加工，这时可按照质量和效率二者兼顾的原则来选择切削用量。

2. 切削用量调整

切削用量的调整，是通过扳转主轴箱和进给箱面板上的操纵手柄来完成的。在调整切削用量时，一定要注意机床是在静止状态，同时要注意各手柄操作的技能要求。

6.5.4 工件基本表面的车削加工

1. 工件表面加工操作要点

对工件上每一表面的加工，主要分为对刀、吃刀、走刀、退刀四个基本步骤，这些步骤可适用于众多的机械加工操作中。

1) 对刀

对刀一般有纵向对刀和横向对刀，也称轴向对刀和径向对刀。棒料夹好后，以适当速度启动机床，移动纵横向拖板，使刀尖(或刀刃)与工件表面刚好接触，记下纵向拖板刻度盘的读数。

需要注意的是，在纵向对刀时，刀尖距离工件外圆 2mm 范围内；横向对刀时，刀尖距离工件端面 2mm 范围内，如图 6-2 所示。

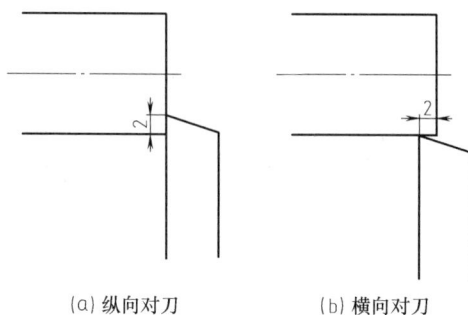

(a) 纵向对刀   (b) 横向对刀

图 6-2 纵横向对刀

2) 吃刀

吃刀也称加刀，即刀具沿垂直于走刀方向切入工件的操作，它是完成背吃刀量 a_p 的操作。

3) 走刀

走刀也称切削，即在吃刀之后，扳转进给手柄，使刀具纵向或横向移动，从而加工出工件表面的操作。

4) 退刀

退刀是指完成工件表面切削之后，刀具退离工件表面的操作。

2. 工件基本表面的车削加工

工件基本表面的车削加工包括工件端面、外圆、外环槽、倒角、中心孔、切断等各表面的加工。

1) 工件端面的粗精加工

在完成棒料和端面车刀的装夹后，选择并调整好切削用量，启动机床，用端面车刀纵横向对刀，注意记下纵横向刻度盘读数。

(1) 工件端面粗加工：对刀后，手动扳转纵横向手柄，使端面车刀纵向吃刀 1～

2mm，并使横向引入距离为 3～5mm，然后左手固定住大拖板手动手柄，右手均匀、连续、缓慢地转动横向手柄，使刀具横向走刀至刀尖切入工件端面中心为止，如图 6-3 所示。需要注意的是，走刀时刀尖不能越过工件轴心线。

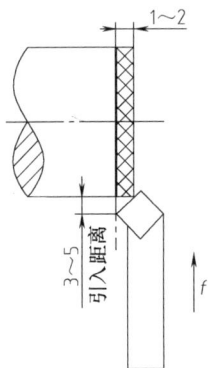

图 6-3　工件端面粗加工

(2) 工件端面精加工：工件端面粗加工后，重新调整机床速度，再使用端面车刀纵向吃刀 0.1～0.5mm，并使横向引入距离为 3～5mm，然后手动横向走刀至刀尖切入工件端面中心为止，如图 6-4 所示。需要注意的是，走刀时刀尖不能越过工件轴心线。

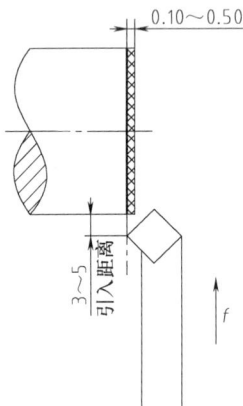

图 6-4　工件端面精加工

图 6-5、图 6-6 所示是实际加工中用到的另外一种端面加工方法。

(1) 工件端面粗加工：对刀后，手动扳转纵横向手柄，使 90°外圆车刀横向吃刀 2～3mm，并使纵向引入距离为 3～5mm，再纵向走刀切削工件 1～2mm，纵向再退刀。横向再吃刀 2～3mm，纵向再走刀 1～2mm，纵向再退刀⋯⋯至刀尖切入工件端面中心，端面基本平整为止。需要注意的是，吃刀时刀尖不能越过工件轴心线。

(2) 工件端面精加工：松开方刀架，逆时针旋转方刀架，使刀具刀尖左偏3°左右后锁紧方刀架。纵向对刀后，横向退刀，并使引入距离为 3～5mm，再纵向吃刀 0.10～0.20mm(图 6-6 中未按比例画)，再横向手动进刀切至工件端面中心后，纵横向退刀并停车。特别注意：横向进给时，刀尖不能越过工件轴心线；纵向吃刀一定不能太多，否则刀具将损坏。

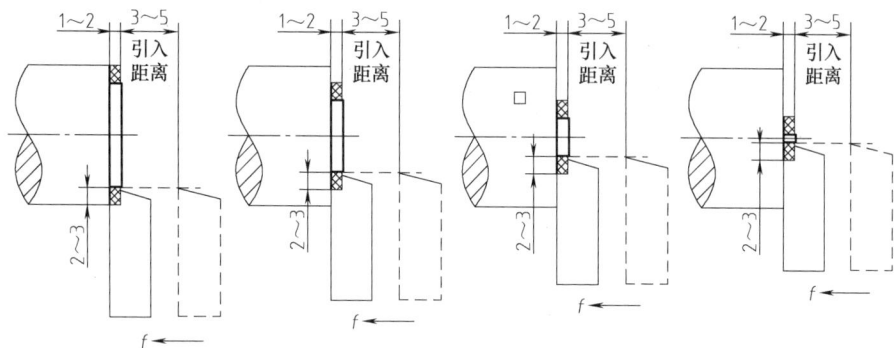

图 6-5　端面粗加工

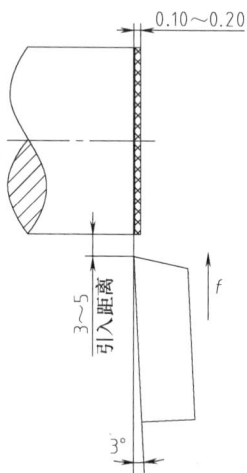

图 6-6　端面精加工图

2）工件 ϕ20×40 外圆加工

(1) ϕ20×40 外圆粗加工。

选择 90°外圆车刀，同时选择并调整好切削用量。启动机床，横向吃刀 2mm，记下横向刻度盘读数。扳动纵进机动手柄，使刀具纵向工进 40mm 后停止进给，然后横向退刀并纵向退移至工件右端面后 10～15mm 处停车，如图 6-7 所示。

(2) ϕ20×40 外圆精加工。

使用游标卡尺测量工件的外圆尺寸，重新启动机床，右向手动纵移刀具至引入距离处并将刀具横向吃刀到所需尺寸，再缓慢使刀具左向手动纵移刀具至切入工件 2mm 后停止，然后在横向不退刀的情况下纵向手动右移至工件右端面后 10～15mm 处停车，再用游标卡尺测量刚才所加工这段外圆的直径尺寸。如尺寸未达到要求，需重新调整刀具的横向吃刀尺寸，直至达到所要求外圆尺寸为止。然后扳动纵进机动手柄，使刀具机动纵进，至轴向尺寸后停止，将刀具横纵向移出，如图 6-8 所示。

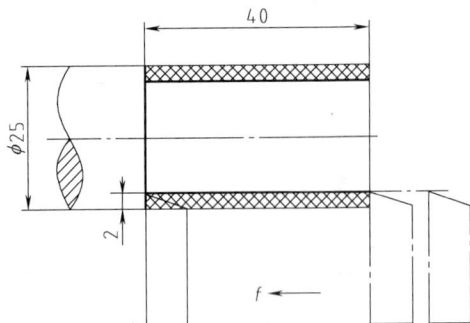

图 6-7 $\phi 20 \times 40$ 外圆粗车

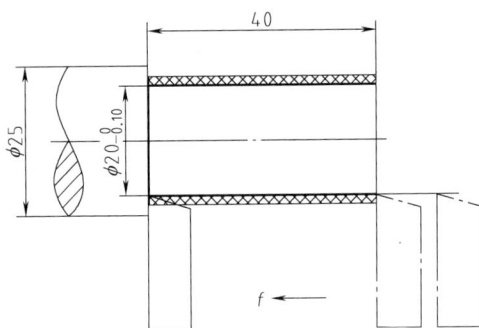

图 6-8 $\phi 20 \times 40$ 外圆精车

3) $\phi 24(\times 10)$ 外圆粗精车加工

用前述对工件外圆粗精加工的方法和步骤，将 $\phi 24(\times 10)$ 外圆粗精车至尺寸。

需要说明的是，车削外圆时吃刀的计算方法为

$$N = \frac{\phi_1 - \phi_2}{2 \times t}$$

式中：N——横向吃刀时手柄应摇过的刻度格数，格。

ϕ_1——工件上道工序的外圆直径尺寸，mm。

ϕ_2——工件本道工序所要求的外圆直径尺寸，mm。

t——横向手柄刻度盘精度，mm/格。

例如，若工件上一道工序的外圆直径尺寸为 $\phi 21.05$mm，本道工序要求的外圆直径尺寸为 $\phi 20.05$mm，横向手柄刻度盘精度是 0.05mm/格，则横向吃刀时手柄应摇过的刻度格数为

$$
\begin{aligned}
N &= \frac{\phi_1 - \phi_2}{2 \times t} \\
&= \frac{21.05 - 20.05}{2 \times 0.05} \\
&= 10(\text{格})
\end{aligned}
$$

4) 工件外环槽的加工

加工好工件端面、外圆后，停车。按照切槽时的要求，调整好切削用量。选择并装夹好切槽刀，启动机床，按下述方式将切槽刀对刀：将刀具左刀尖移至工件端面并刚好接触，记下纵向刻度数。刀具纵横向退离工件，然后纵横向移动刀具，使主刃至工件外圆并刚好接触，记下横向刻度数，如图 6-9 所示。

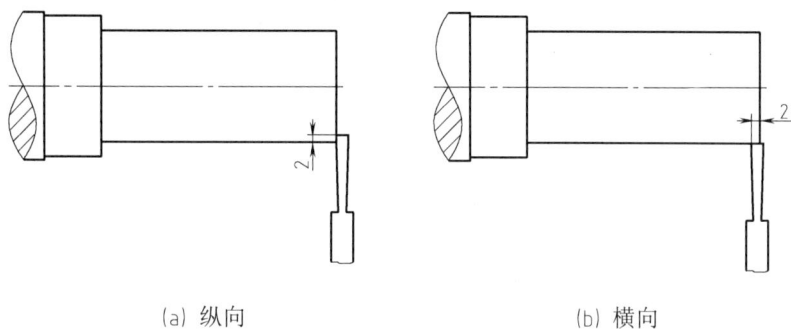

(a) 纵向　　　　　　　　　　　　　　(b) 横向

图 6-9　纵横向对刀

对好刀后，再纵向移动刀具至所要求尺寸(注意切刀宽度)，手动使刀具横进至所需尺寸，然后再重复刚才的切槽操作，直至两个环槽被切好后停车，如图 6-10、图 6-11 所示。

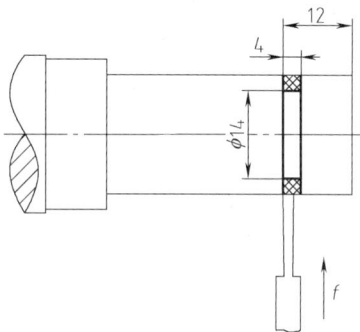

图 6-10　切第一个环槽

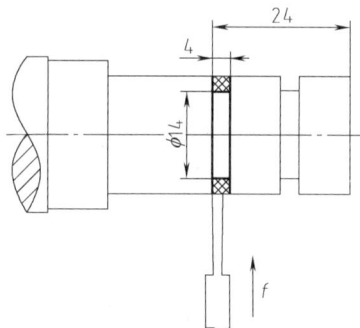

图 6-11　切第二个环槽

5) 工件倒角的加工

在工件端面、外圆和中心孔加工好后，即可对工件端面、外环槽棱边倒角。装夹好倒角车刀，启动机床，移动刀具的主刀刃至工件棱边并与棱边刚好接触，记下横向(或纵向)拖板刻度盘读数以完成倒角刀对刀。然后手动缓慢横移(或纵移)拖板至所需尺寸后刀具退离工件，以完成工件倒角的加工，如图 6-12、图 6-13 所示。

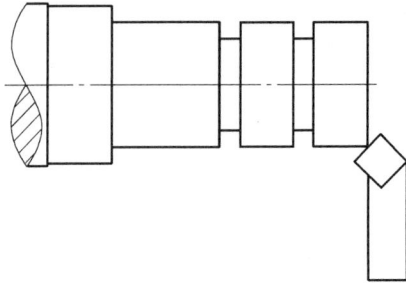

图 6-12　倒角对刀

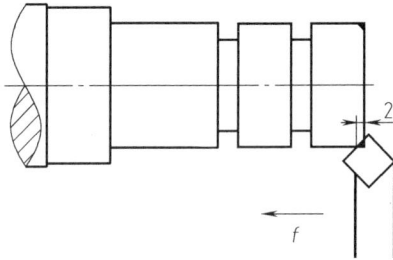

图 6-13　倒角

重复刚才的倒角操作，将其余倒角加工完成。

6) 工件中心孔的加工

工件车削好端面后，选择好钻夹头、变径套、中心钻，并用钻夹头夹紧中心钻(注意使钻夹头卡爪端面在整个中心钻的 2/3～3/4 处)，安放在车床尾座套筒上装好。松开尾座固定手柄(或螺母)，向左推动尾座，使中心钻钻尖距离工件端面 15～20mm 处锁紧尾座。启动机床，手动旋转尾座套筒手轮，使中心钻缓慢移至工件端面。继续旋转尾座套筒手轮，使中心钻缓慢钻入工件。待达到要求的深度时，如图 6-14、图 6-15 所示，稍顿，然后反向旋转尾座套筒手轮，使中心钻退出工件端面。对于中心孔深度要求不是很严格的，也可以采用经验估计的方法确定深度，一般认为工件端面处于中心钻锥度部分 3/4 处时即可。钻好中心孔后，停车，松开尾座固定手柄(或螺母)，向右将尾座推至床尾，并立即锁紧尾座。

7) 工件切断的加工

工件所有表面都加工好后，停车，选择切槽刀作为切断刀将工件切断。启动机床，将刀具左移至工件全长位置(注意加上切刀宽度)，然后手动使切刀横进切入直至工件被切断。需要特别注意的是，在切削时，每切入 3～4mm，要将刀具横向退离工件，再纵向左移(或右移)1～1.5mm，再横向切入……这样反复交替操作，至工件被切断，以避免切刀被夹而损坏。另外，由于另一端面以后还需加工，故要注意留 1～2mm 的总长余量，如图 6-16 所示。

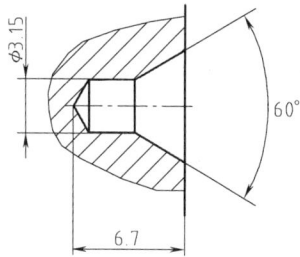

图 6-14 中心孔工艺尺寸

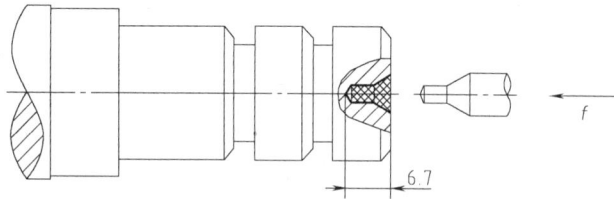

图 6-15 工件中心孔加工

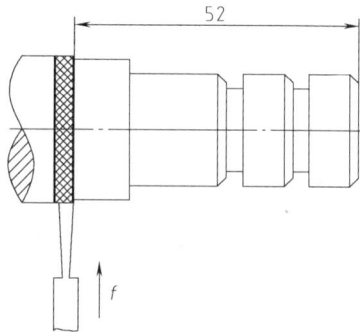

图 6-16 工件切断加工

项目 7　工件外圆锥车削加工

7.1　实 习 目 的

通过本次实习，熟悉并掌握工件外圆锥车削加工的基本方法和技能，以及进一步熟悉各操控手柄(手轮)的操控。

7.2　实 习 任 务

加工完成如图 7-1 所示的工件。

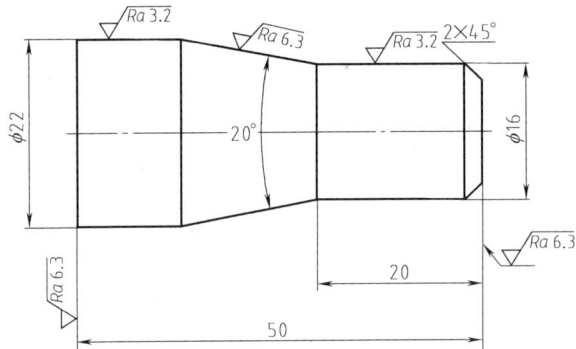

图 7-1　外圆锥柄

7.3　实习器材准备

游标卡尺、90°外圆车刀、切断车刀、45°倒角(端面)车刀、ϕ25×400 圆棒料、垫片、卡盘扳手、方刀架扳手、17～19 开口扳手、毛刷、棉纱。

7.4　工件外圆锥表面的车削加工工艺

ϕ25×400 圆棒料下料→棒料装夹→刀具装夹→调整机床切削用量→端面粗精车至尺寸→ϕ16×20 外圆粗车→ϕ22(×30)外圆粗车→ϕ16×20 外圆精车至尺寸→ϕ22(×30)外圆精车至尺寸→粗车外圆锥→精车外圆锥→2×45°倒角至尺寸→工件切断。

7.5　实习内容与操作要点

7.5.1　圆锥面的车削方法

圆锥面的车削方法有转动小滑板车削法、偏移尾座车削法、宽刃刀车削法和靠模车削法等几种。

1. 转动小滑板车削法

它是将刀架总成旋转为所要求圆锥角的一半，并通过小滑板进给的方式车削圆锥面。它适用于车削长度较短、锥度较大的圆锥。

2. 偏移尾座车削法

它是将工件双顶在前后顶尖上，把后顶尖所在的尾座横向移动一小段距离，使工件轴线与车床主轴轴线相交成所要求圆锥角度的一半。该方法适用于锥体较长、锥度较小且精度要求不高的圆锥体工件。

3. 宽刃刀车削法

它是使用刀刃与主轴轴线的夹角为工件圆锥半角的刀具加工。使用该方法车削圆锥面时，要求车床具有很好的刚性，否则容易引起振动。

4. 靠模车削法

它是用靠模板装置加装在车床中来加工圆锥面。对于较长的外圆锥面圆锥，当其精度要求较高而批量又较大时常采用这种方法。

7.5.2　工件外圆锥加工

棒料毛坯悬夹于三爪卡盘中，选择并调整好切削用量。装夹好 90°外圆车刀、45°倒角(端面)车刀和切断刀。启动机床，对刀，车削好端面，退刀，然后将方刀架及 90°外圆车刀复位，锁紧方刀架，然后加工外圆锥表面，加工步骤如下。

(1) 粗车各外圆，留直径余量 0.50mm，停车。

(2) 选择并调整好切削用量，精车 $\phi 22$ 外圆至尺寸。

(3) 粗车外圆锥。松开刀架总成紧固螺栓，旋转刀架总成至中滑板上 10°刻线处，再锁紧刀架总成紧固螺栓。松开方刀架并旋转，使方刀架对正。启动机床，外圆车刀在 $\phi 22$ 外圆右端约 2mm 处对好刀，横向进刀 1.5mm，然后缓慢、均匀、连续地手动旋转小滑板进给手轮，至刀尖切出 $\phi 22$ 外圆约 4mm 处横向退刀。手动反转小滑板进给手轮并使刀具回到起始位置(不允许移动大拖板)，横向再进刀 1.25mm，再缓慢、均匀、连续地手动旋转小滑板进给手轮，至刀尖切出 $\phi 22$ 外圆约 4mm 处横向退刀，手动反转小滑板进给手轮并使刀具回到起始位置，停车，如图 7-2、图 7-3 所示。

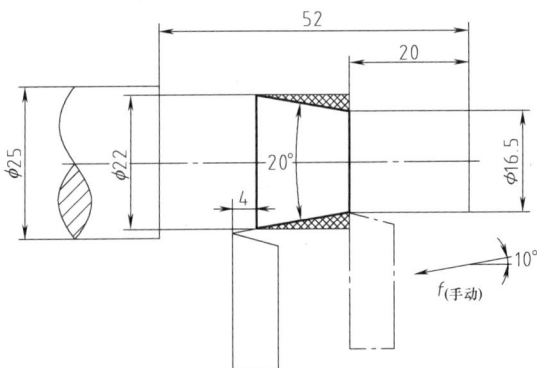

图 7-2　粗车外圆锥

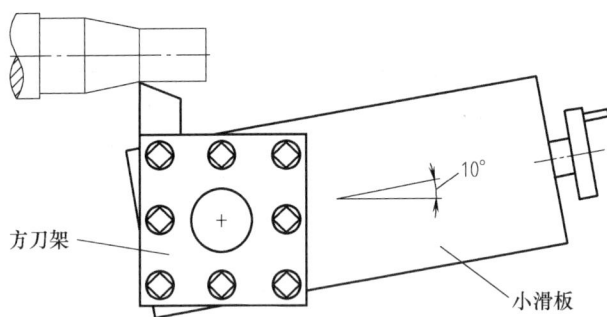

图 7-3　方刀架位置

(4) 精车 $\phi16$ 外圆及外圆锥至尺寸：刀具横向吃刀 0.25mm，精车 $\phi16$ 外圆及外圆锥面至尺寸。需要特别注意的是，在精车 $\phi16$ 外圆时，使用自动走刀；精车外圆锥时，使用手动走刀，走刀时要缓慢、均匀、连续旋转小滑板进给手轮，以免外圆锥面表面粗糙度超差。$\phi16$ 外圆与外圆锥面之间的过渡要连续，但界限要清晰、准确。同时，切削速度要高一些，进给量要小一些，并要保持刀具锐利，如图 7-4 所示。

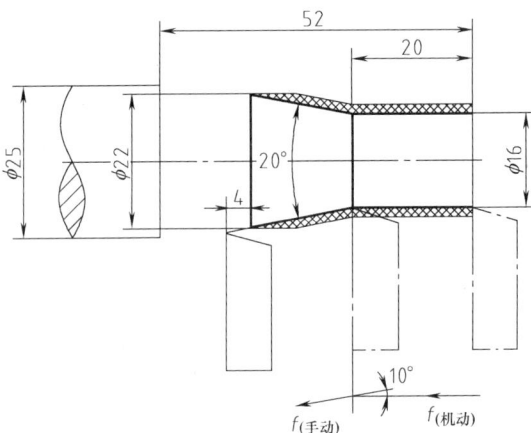

图 7-4　精车外圆锥

（5）刀架总成回位：松开刀架总成紧固螺栓，旋转刀架总成至中滑板上 0° 刻线处，锁紧刀架总成紧固螺栓。松开方刀架并旋转，使方刀架对正。

（6）选择倒角车刀并倒角 2×45° 至尺寸。

（7）切断工件，停车。

项目 8 成型表面车削加工

8.1 实习目的

通过本次实习，熟悉并掌握双手操纵纵横向手柄的基本技能，工件简单成型表面车削加工的基本方法和技能，进一步熟悉各操控手柄(手轮)的操控。

8.2 实习任务

加工完成如图 8-1 所示的工件。

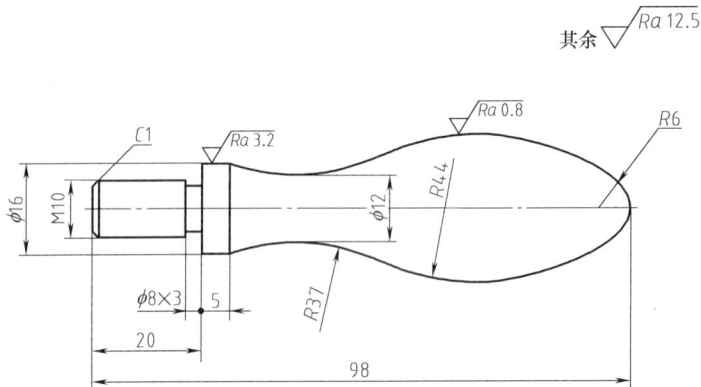

图 8-1 成型表面

8.3 实习器材准备

游标卡尺、90°外圆车刀、45°倒角(端面)车刀、60°尖头车刀、切断车刀、300mm 粗平锉、300mm 细平锉、300mm 粗半圆锉、300mm 细半圆锉、粗砂纸、细砂纸、$\phi 25 \times 300$ 圆棒料、垫片、卡盘扳手、方刀架扳手、毛刷、棉纱。

8.4 成型表面加工工艺

$\phi 25 \times 300$ 圆棒料下料→棒料装夹→刀具装夹→调整机床切削用量→端面粗车至尺寸→分段刻线→粗车成型表面→半精车成型表面→粗锉成型表面→精锉成型表面→$\phi 16 \times 5$ 外圆粗车→粗磨成型表面→精磨成型表面至尺寸→$\phi 16 \times 5$ 外圆精车至尺寸→$\phi 8 \times 3$ 切槽至尺寸→M10 大径粗精车至尺寸→工件切断。

8.5   实习内容与操作要点

8.5.1   成型表面加工方法

在机器上，有些零件的表面素线不是直线，而是一条曲线。例如，摇手柄、圆球、凸轮等，这些素线是曲线的表面叫作成型面，也叫作特形面。这种类型的表面，其加工方法主要有用双手操纵法车削、用成型车刀车削、靠模法车削、用专用工具车削。

1. 用双手操纵法车削成型面

双手同时配合摇动中拖板手柄和大拖板手柄(也有些是同时配合摇动中拖板手柄和小滑板手柄的)，通过双手的协调操纵，使车刀的运动轨迹符合工件的表面曲线，从而车出所要求的成型表面的方法。这种方法灵活、方便，不需要其他辅助工具，但需要较高的技术水平，多用于单件、小批量生产。

2. 用成型车刀车削成型面

车削较大的内外圆弧槽或数量较多的成型面工件时，常采用成型车刀车削法。常用的成型刀有整体式普通成型刀、棱形刀和圆形成型刀等几种。

3. 靠模法车削成型面

靠模法车削成型面有两种具体方法：一是靠板靠模法车削成型面；二是尾座靠模车削成型面。其主要特点如下。

(1) 靠板靠模法车削成型面，这种方法与采用靠板靠模车圆锥方法相同，只是把锥度靠模换成带有曲线的靠模，把滑板换成滚柱即可。

(2) 尾座靠模车削成型面，这种方法与靠板靠模不同的就是把靠模装在尾座的套筒上，其车削原理和靠板靠模车成型面相同。

4. 用专用工具车削成型面

根据工件的具体形状要求，通过设计专用的加工工具安装在车床上，对所要求的工件进行加工，如车内外球面专用工具、车内孔球面专用工具等。它不需要较高的操作技术，但需要制作专用的工具，耗时较长，费用较多，因此，它通常用在生产批量较大、精度要求较高的成型表面加工中。

8.5.2   成型表面加工

棒料毛坯悬夹于三爪卡盘中，选择并调整好切削速度与进刀量。装夹好外圆车刀、45°倒角(端面)车刀、切断刀、60°尖头车刀。启动机床，车好端面，然后加工成型表面，其加工步骤如下。

(1) 划线：松开方刀架并选择尖头车刀，用刀尖在工件上划出各段中心线，如图 8-2 所示。

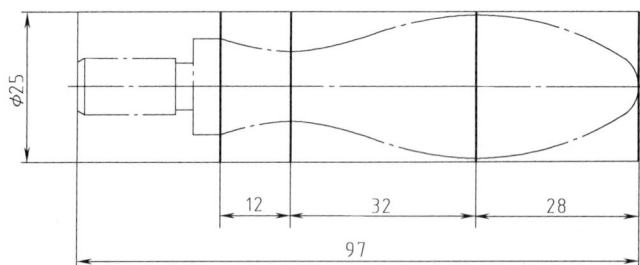

图 8-2　工件上划出各段中心线

(2) 粗切轮廓：松开方刀架并选择切刀，用双手左右前后操纵纵横手柄，按照工件成型表面的轮廓，从中心线左右两边分别将其主要轮廓粗加工切好，留余量 1mm，如图 8-3 所示。

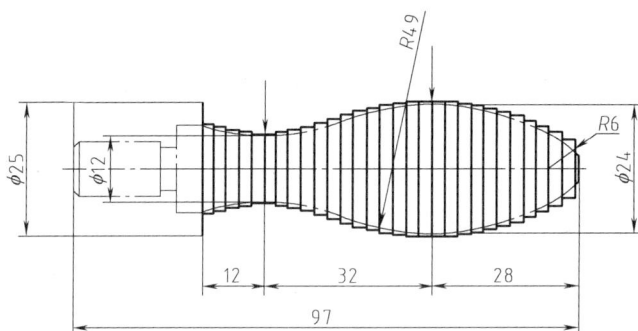

图 8-3　粗加工成型表面轮廓

(3) 半精加工轮廓：松开方刀架并选择尖头车刀，用双手左右前后操纵纵横向手柄，用尖头车刀，按照工件成型表面的轮廓，从右至左将已粗加工的成型表面的轮廓进行半精加工，留余量 0.5mm，如图 8-4 所示。

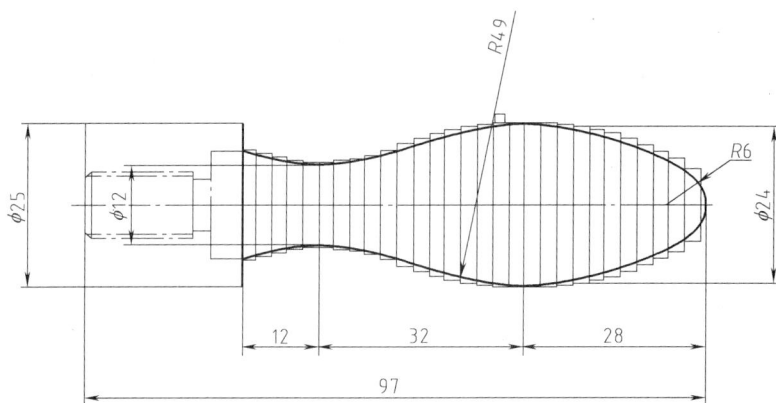

图 8-4　半精加工成型表面轮廓

(4) 成型表面锉刀修光：选择粗细平锉和半圆锉，左手握锉把，右手握锉端，沿成型表面的轮廓形状，将其轮廓表面锉成平整光滑的轮廓表面。

(5) 松开方刀架并选择外圆车刀，粗车 ϕ16×5 外圆，留余量 0.20mm。

(6) 成型表面砂布抛光：选择粗细砂布，将成型轮廓表面抛光至要求。

(7) 精车 ϕ16×5 外圆至尺寸。

(8) 按要求加工完其他表面。

(9) 切断工件，停车。

特别提示：(1) 不使用无木柄的锉刀。

(2) 锉削时用力要适当，避免用力过猛。

(3) 工作服袖口要扎紧，避免缠绕在卡盘或工件上。

(4) 如右手握锉刀时，一定注意将左手臂抬高一些，以避免撞在三爪卡盘上。

(5) 砂布不准缠绕在手指上。

(6) 在加工成型表面的过程中，要随时用"成型表面样板规"进行检查，以免超差。

项目9 内孔钻削和车削加工

9.1 实习目的

通过本次实习，熟悉并掌握内孔刀具的装夹方法和技能，熟悉工件内孔的钻削、内孔表面车削加工的基本方法和技能，以及进一步熟悉各操控手柄(手轮)的操控。

9.2 实习任务

加工完成如图9-1所示的工件。

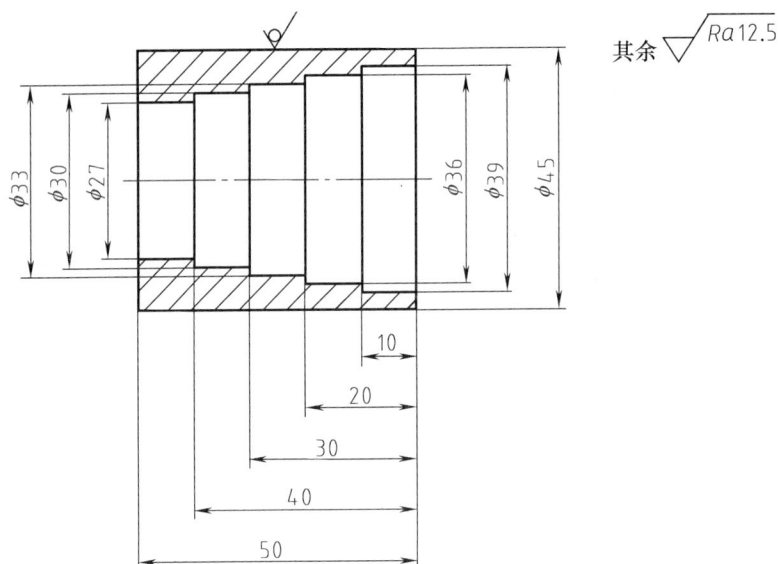

图9-1 内孔车削

9.3 实习器材准备

游标卡尺、45°端面车刀、内孔车刀、A3中心钻、φ3~16钻夹头、φ12直柄麻花钻、φ24锥柄麻花钻、3/5变径套、φ45×40圆棒料、垫片、卡盘扳手、方刀架扳手、毛刷、棉纱。

9.4   工件内孔的钻削和车削加工工艺

ϕ45×55 圆棒料下料→棒料装夹→45°端面车刀、内孔车刀装夹→A3 中心钻装夹→调整机床切削用量→粗车端面至尺寸→钻 A3 中心孔→换装ϕ12 直柄麻花钻→调整机床切削用量→钻ϕ12 通孔→换装ϕ24 锥柄麻花钻→调整机床切削用量→钻ϕ24 通孔→方刀架换内孔车刀→调整机床切削用量→粗精车ϕ27 孔至尺寸→粗精车ϕ30 孔至尺寸→粗精车ϕ33 孔至尺寸→粗精车ϕ36 孔至尺寸→粗精车ϕ39 孔至尺寸。

9.5   实习内容与操作要点

9.5.1   工件钻孔与扩孔

棒料毛坯悬夹于三爪卡盘中，如图 9-2 所示，45°倒角(端面)车刀、内孔车刀装夹于方刀架中，A3 中心钻装夹于尾座中，调整机床切削用量选择。启动机床，用 45°倒角(端面)车刀车削好端面，退刀，停车，然后开始对孔进行加工，其步骤如下。

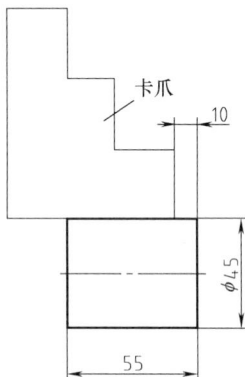

图 9-2 ϕ45×55 圆棒料装夹

1. 钻中心孔

松开尾座紧固螺栓，将尾座连同 A3 中心钻推前，使中心钻的钻尖距工件端面约有 5mm 引入距离时锁紧尾座。重启机床，用 A3 中心钻钻好中心孔，退刀，停车。

2. 钻ϕ12 工艺通孔

松开尾座紧固螺栓，并将尾座退至床尾，尾座上换装ϕ12 直柄麻花钻，再将尾座连同 ϕ12 直柄麻花钻推前，同样使钻尖距工件端面约有 5mm 引入距离时锁紧尾座。重启机床，开启冷却泵，用ϕ12 直柄麻花钻将工件钻通，退刀，停车并关闭冷却泵，如图 9-3 所示。

3. 扩ϕ12 通孔至ϕ24 通孔

松开尾座紧固螺栓，并将尾座右退至床尾。将 3/5 变径套装在ϕ24 锥柄麻花钻的锥柄上，再将其装入尾座套筒中。将尾座连同 $\phi 24$ 锥柄麻花钻推前，再使钻尖距工件端面约有 5mm 引入距离时锁紧尾座，然后选择并调整好切削速度。重启机床，开启冷却泵，用 $\phi 24$ 锥柄麻花钻将工件 $\phi 12$ 孔扩通，以形成 $\phi 24$ 通孔，然后退刀，停车并关闭冷却泵，如图 9-4 所示。

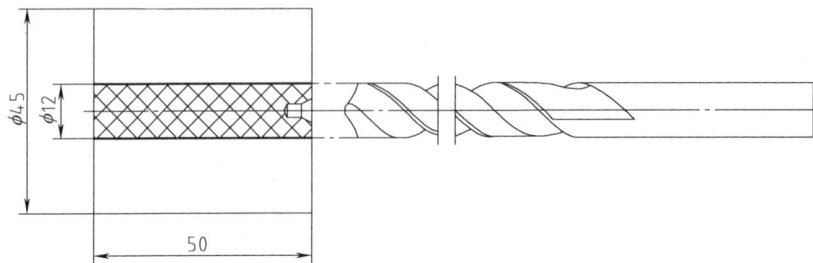

图 9-3　钻 $\phi 12$ 工艺孔

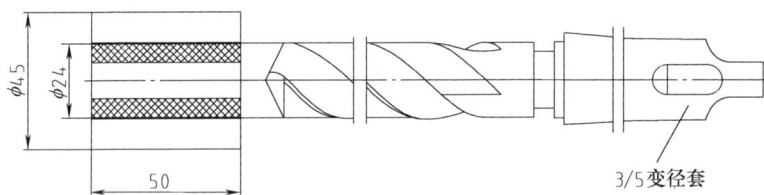

图 9-4　扩 $\phi 12$ 通孔至 $\phi 24$ 通孔

4．尾座回位

松开尾座紧固螺栓，将尾座右推至床尾并锁紧尾座紧固手柄(或螺母)。

需要特别注意的是，在刚开始钻削时，应缓慢并均匀地旋转尾座套筒进给手轮，至钻头钻尖接触工件端面处开始计数。在钻削过程中，应随时注意钻头每次钻入工件 15～20mm 时要反转尾座套筒进给手轮，使钻头退离工件，然后再进，这样可使钻屑退出并冷却钻头。另外，手轮旋转要缓慢并均匀，冷却液要加注充分，在扩孔时要特别注意调整好切削用量，以免钻头烧损。

9.5.2　工件内孔车削加工

选择并调整好切削用量，选择并使用内孔车刀将工件内孔粗精车至尺寸后退刀、停车。工件内孔加工方法与加工外圆类似，只是要注意：车内孔时要用内孔车刀，加刀方向与车外圆时相反。同时，由于刀具在内孔中不能看到，要充分应用纵横向的刻度盘来计数，还要充分应用"听"的方法来判断工件的加工状态，如图 9-5 所示。

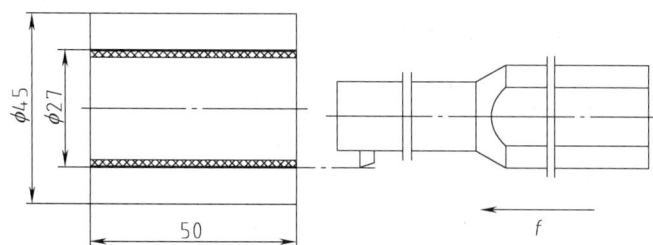

(a) 加工 φ27 孔

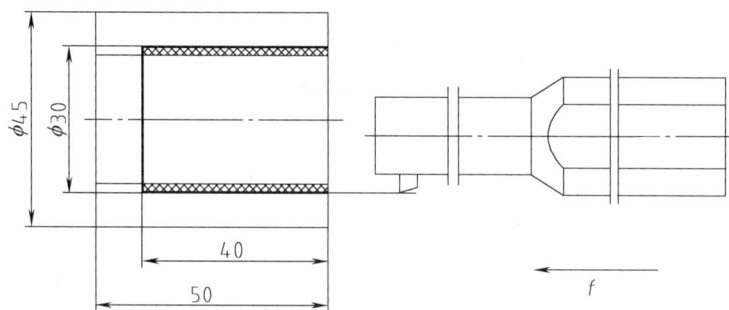

(b) 加工 φ30 孔

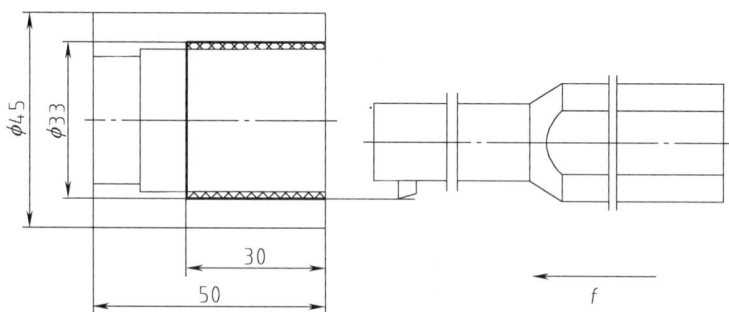

(c) 加工 φ33 孔

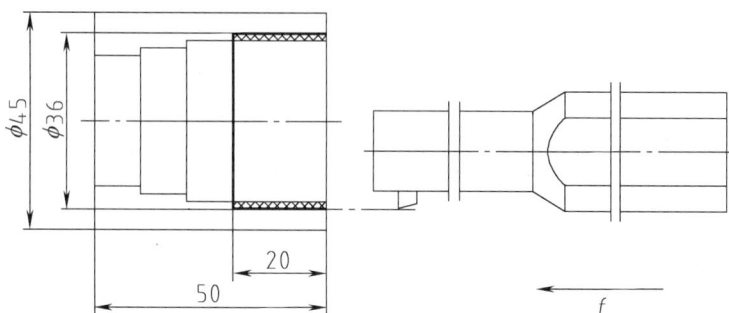

(d) 加工 φ36 孔

图 9-5　工件内孔加工

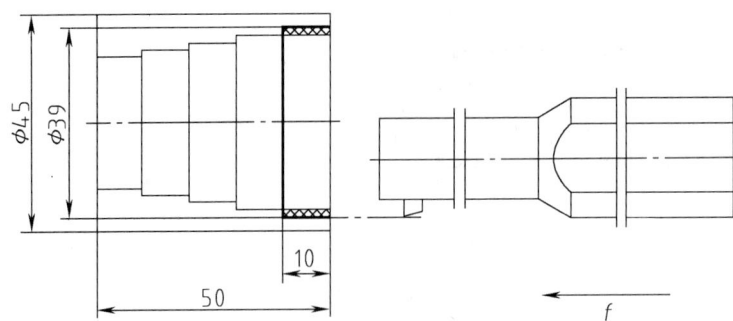

(e) 加工 ϕ39 孔

图 9-5 工件内孔加工(续)

项目10　普通三角形外螺纹车削加工

10.1　实习目的

通过本次实习，进一步熟悉并掌握普通三角形螺纹基本知识，熟悉普通三角形外螺纹切削加工的基本方法和技能，以及进一步熟悉各操控手柄(手轮)的操控。

10.2　实习任务

加工完成如图10-1所示的单线螺塞工件。

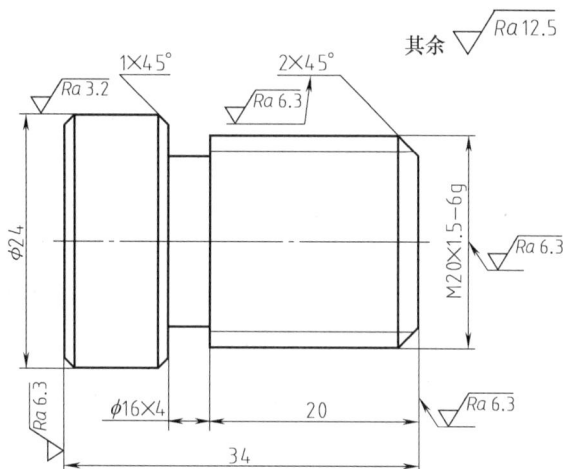

图 10-1　单线螺塞

10.3　实习器材准备

游标卡尺、M20×1.5 螺纹环规(通规、止规)、螺距规、角度样板规、90°外圆车刀、45°倒角(端面)车刀、60°外螺纹车刀、切槽(断)刀、φ25×300 圆棒料、车刀垫片、卡盘扳手、方刀架扳手、毛刷、棉纱。

10.4　普通三角形螺纹切削加工工艺

φ25×300 圆棒料下料→棒料装夹→90°外圆车刀、45°倒角(端面)车刀、切槽(断)刀装夹→调整机床切削用量→粗精车端面至尺寸→90°外圆车刀粗精车 M20×1.5 螺纹大径和

ϕ24 外圆→45°倒角刀倒角至尺寸→调整机床切削用量→切槽(断)刀切槽至尺寸→装夹 60°外螺纹车刀→调整机床切削用量→60°外螺纹车刀粗精车螺纹至尺寸→切槽(断)刀切断工件。

10.5 实习内容与操作要点

10.5.1 螺纹简介

螺纹种类较多,不同的分类方法其类型也不同。按螺纹尺寸计量单位分类,螺纹有公制、模数制、英制、径节制等几种。在公制螺纹中,按牙形不同,螺纹又可分为三角形、梯形、矩形等。其主要参数有大径、导程、头数等。最常见的是普通三角形单头螺纹,牙形角是 60°,一般用于紧固和连接之中。

10.5.2 普通三角形螺纹切削加工方法

1. 进给方法

车削螺纹时,螺纹刀进给方法主要有开合螺母法和反转主轴法。开合螺母法是采用结合和松开开合螺母的方法车削螺纹;反转主轴法是采用不松开开合螺母而反转主轴的方法车削螺纹。对于丝杠导程是工件导程整数倍的螺纹,既可以用开合螺母法车削螺纹,也可以采用反转主轴法车削螺纹;反之,对于丝杠导程不是工件导程整数倍的螺纹,则只能采用反转主轴法车削螺纹而不能使用开合螺母法车削螺纹,如表 10-1 所示。开合螺母法车削螺纹的操作较为简单容易,而反转主轴法则要求较高。

表 10-1 普通三角形螺纹切削加工进给方法

机床丝杠导程与工件导程整数倍关系	进给方法
是	(1)开合螺母法; (2)反转主轴法
否	反转主轴法

如本次加工的 M20×1.5 螺纹,因机床丝杆的螺距为 12mm,工件螺距为 1.5mm,所以12/1.5=8,是整数倍,故可以采用开合螺母这种较为简单容易的方法车削螺纹。

2. 吃刀方法

普通三角形螺纹的加工方法主要有刀具直进吃刀法、左右吃刀法和斜进吃刀法。对较小的普通三角形外螺纹切削加工一般采用刀具直进吃刀法,如图 10-2 所示。

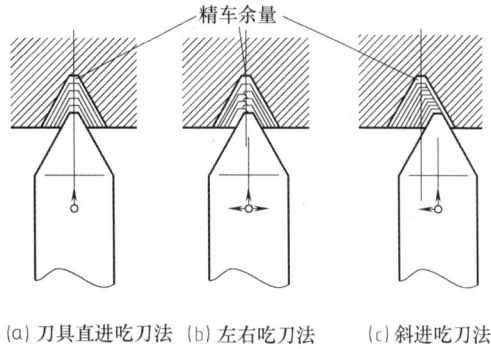

(a) 刀具直进吃刀法　(b) 左右吃刀法　(c) 斜进吃刀法

图 10-2　螺纹加工吃刀方法

10.5.3　普通三角形外螺纹的切削加工

棒料毛坯悬夹于三爪卡盘中，选择并调整好切削速度与进给量，启动机床，车好端面。选择 90° 外圆车刀，粗精车 M20×1.5 螺纹大径外圆 $\phi 20_{-0.26}^{-0.03}$ 和 $\phi 24$ 外圆至尺寸。选择切槽车刀将退刀槽车至尺寸。选择 45° 倒角车刀倒好角，停车。用角度样板规将普通 60° 三角形外螺纹车刀装夹于方刀架上，如图 10-3 所示。按螺纹进给铭牌指示调整好挂轮箱中的挂轮及进给箱各进给手柄，将进给箱原光杠输出转为丝杠输出，开合螺母手柄处于开位置，主轴速度调整为 40～80r/min，然后开始加工螺纹，加工的步骤如下。

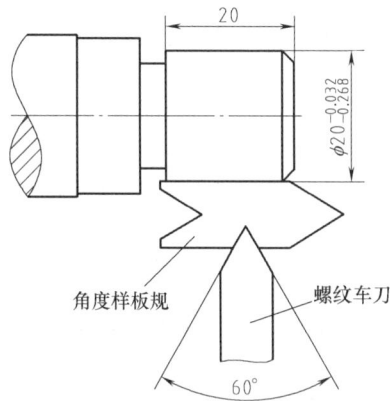

图 10-3　螺纹车刀装夹

1. 试车螺纹并检查螺距

在熟悉图 10-4 所示螺纹工艺尺寸后，启动机床，选择螺纹车刀，将车刀纵横移动至工件大径外圆上对刀，记下横向刻度值。纵向退刀 8～12 个螺距作为刀具引入距离，横向吃刀 0.05mm，按下开合螺母手柄，使车刀沿纵向移动，刀尖在工件上车出一浅螺纹槽。待刀尖移至退刀槽中间时，右手提起开合螺母手柄，左手横向退刀。将刀具纵向退回原位，停车，如图 10-5 所示。

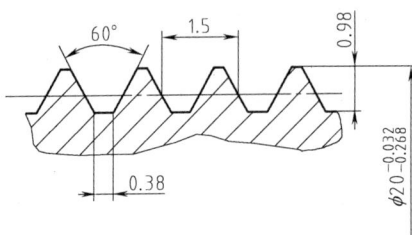

图 10-4　M20×1.5 螺纹工艺尺寸

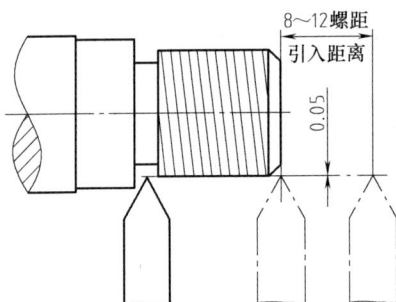

图 10-5　试车螺纹

用钢尺或游标卡尺测量 10 圈螺纹，其长度应为 15mm，否则应重新调整机床，直至符合要求。也可以用 1.5mm 规格的螺距规(俗称牙规)检查，同样也应符合要求，如图 10-6、图 10-7 所示。

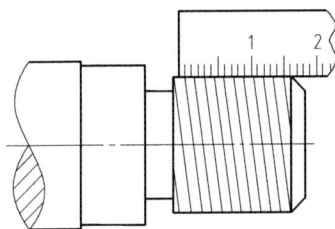

图 10-6　用钢尺检查螺距

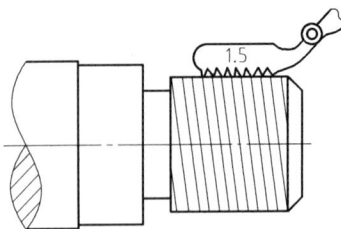

图 10-7　用螺距规检查螺距

2. 车螺纹

(1) 加第一刀车螺纹：待确认螺距符合要求后，再启动机床，横向再加刀 0.50mm，按下开合螺母手柄，使车刀沿纵向移动，刀尖车出一螺纹槽。待刀尖移至退刀槽中间时，右手提起开合螺母手柄，左手横向退刀，并将刀具纵横向移至起始位置。这与试车螺纹的操作相同，只是所加刀尺寸不同，如图 10-8 所示。

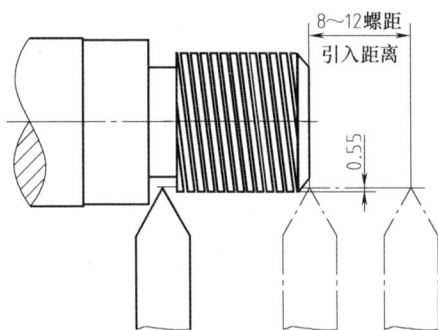

图 10-8　再加刀 0.50mm 车螺纹

(2) 清刀：不加刀，刀具以上一刀的加刀值对螺纹槽清刀。重复清刀操作，直至刀具上无切屑流出。清刀操作与车螺纹的操作相同，只是横向上不加刀，如图 10-9 所示。

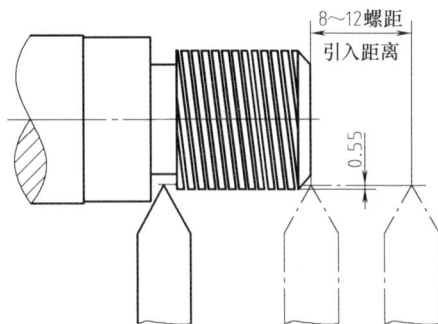

图 10-9　不加刀螺纹清刀

(3) 加第二刀车螺纹：刀具再加刀 0.25mm，再车螺纹槽。

(4) 清刀：再清刀至无切屑流出。

(5) 加第三刀车螺纹：再加刀 0.12mm 车螺纹。

(6) 清刀：再清刀至无切屑流出。

(7) 加第四刀车螺纹：最后再加刀 0.06mm。

(8) 清刀：再清刀至无切屑流出。

这里需要特别注意以下几个方面。

(1) 启动机床前，一定要确认机床的转速和开合螺母手柄的开合状态，待确认无危险因素后，方可开车。

(2) 转速不能调得太高，以免产生危险。

（3）车螺纹前应试车，此时应使刀具远离工件，同时应再次确认螺纹的螺距。

（4）刀具一次加刀不能太多，否则可能使刀具或螺纹损坏。

（5）清刀时刀具不能加刀。

（6）机床刚调整完时，应特别注意开合螺母手柄不能按下，以免产生危险。

（7）在加工完螺纹后，要用相应的螺纹环规进行检测，其中通规应完全拧进，而止规则不能拧进。

（8）在加工好螺纹后，要及时将车螺纹状态解除，以免误操作产生危险。

项目 11　综合表面工件车削加工

11.1　实　习　目　的

通过本次实习，进一步掌握简单工件表面的切削加工方法及技能，熟悉并掌握较为复杂工件的加工方法和加工工艺，熟悉车床专用夹具的安装与使用。同时，进一步熟悉各操控手柄(手轮)的操控，从而进一步掌握车削加工的基本方法和技能。

11.2　实　习　任　务

加工完成如图 11-1 所示的综合表面工件。

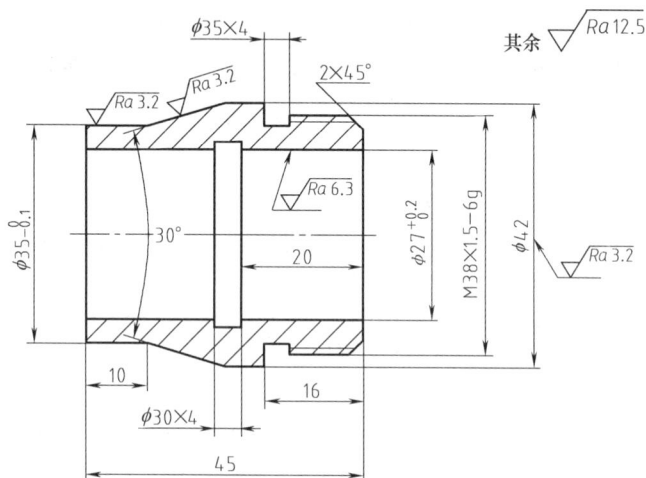

图 11-1　综合表面工件

11.3　实习器材准备

游标卡尺、M38×1.5 螺纹环规(通规、止规)、90°外圆车刀、60°外螺纹车刀、45°倒角刀、切槽(断)刀、内孔车刀、内孔车槽刀、A3 中心钻、ϕ12 麻花钻、ϕ3～16 钻夹头、ϕ24 锥柄麻花钻、3/5 变径套、弹簧套、固定顶尖、活动顶尖、专用车床夹具、ϕ45×200 圆棒料、车刀垫片、卡盘扳手、方刀架扳手、毛刷、棉纱。

11.4 综合表面工件加工工艺

11.4.1 工艺路线

车端面→钻ϕ27 底孔→粗车ϕ35、ϕ42 外圆→精车ϕ42 外圆→车ϕ27 孔→粗车 30°外圆锥→精车ϕ35 外圆、30°外圆锥→工件切断→车另一端面→夹具装夹工件→车 M38×1.5 螺纹大径→切槽ϕ35×4→倒角 2×45°→车 M38×1.5 螺纹。

11.4.2 工艺步骤

ϕ45×200 圆棒料下料→棒料装夹→90°外圆车刀、45°倒角(端面)刀、切槽(断)刀装夹、A3 中心钻装夹→调整机床切削用量→粗精车端面至尺寸→钻 A3 中心孔→换装ϕ12 麻花钻→调整机床切削用量→钻ϕ12 工艺孔→换装ϕ24 锥柄麻花钻→调整机床切削用量→钻ϕ27 底孔→粗车ϕ35、ϕ42 外圆→精车ϕ42 外圆→方刀架装内孔车刀→调整机床切削用量→车ϕ27 孔至尺寸→方刀架换内孔车槽刀→车内孔槽ϕ30×4 至尺寸→旋转刀架总成→方刀架换 90°外圆车刀→粗车 30°外圆锥→精车ϕ35 外圆和 30°外圆锥→复位刀架总成→方刀架换切断刀→工件切断→工件用弹簧套调头再装夹→精车另一端面→专用车床夹具装夹工件→车床双顶尖安装专用车床夹具→方刀架换 90°外圆车刀→粗精车 M38×1.5 螺纹大径至尺寸→方刀架换切槽车刀→切槽ϕ35×4 至尺寸→方刀架换 45°倒角车刀→倒角至尺寸→方刀架换装 60°螺纹车刀→调整机床切削用量→粗精车 M38×1.5 螺纹至尺寸。

11.5 零件加工及操作要点

棒料毛坯悬夹于三爪卡盘中，90°外圆车刀、45°倒角(端面)刀、切槽(断)刀装夹于方刀架中，A3 中心钻装夹于尾座中，工件加工的步骤如下。

(1) 车端面：调整好切削用量，车好端面，如图 11-2 所示。

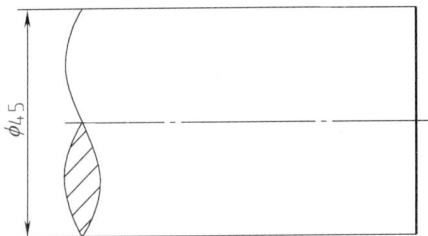

图 11-2 车端面

(2) 钻中心孔：用 A3 中心钻在工件端面上钻好 A3 中心孔，如图 11-3 所示。

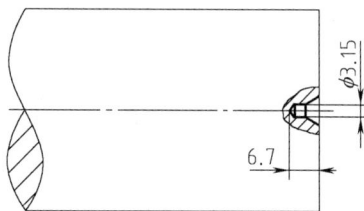

图 11-3　钻中心孔

(3) 钻ϕ12×60 工艺孔：尾座换装ϕ12 麻花钻并调整切削用量，用ϕ12 麻花钻钻好ϕ12×60 工艺孔，如图 11-4 所示。

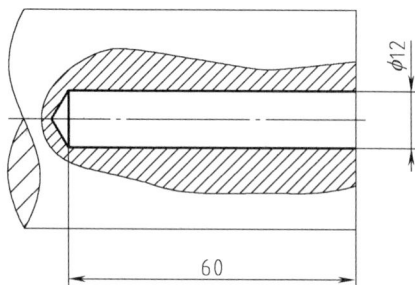

图 11-4　钻ϕ12×60 工艺孔

(4) 扩孔ϕ24×55：尾座换装ϕ24 麻花钻并调整切削用量，将ϕ12×60 孔扩至ϕ24×55，如图 11-5 所示。

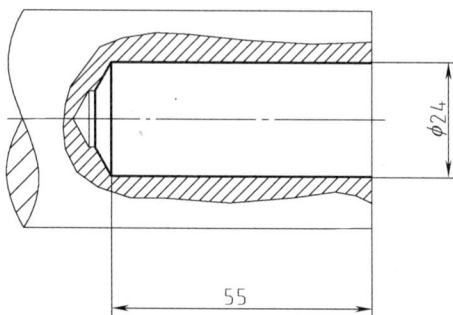

图 11-5　扩ϕ27 底孔ϕ24×55

(5) 粗车ϕ35、ϕ42 外圆：选择 90°外圆车刀并调整切削用量，粗车ϕ35、ϕ42 外圆，留余量 0.5mm，如图 11-6 所示。

(6) 精车ϕ42 外圆：再选 90°外圆车刀，精车ϕ42 外圆至尺寸，如图 11-7 所示。

(7) 车ϕ27 孔：方刀架装内孔车刀，粗精车ϕ27 孔至尺寸，如图 11-8 所示。

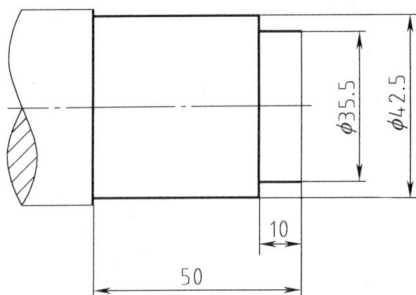

图 11-6 粗车 ϕ35、ϕ42 外圆

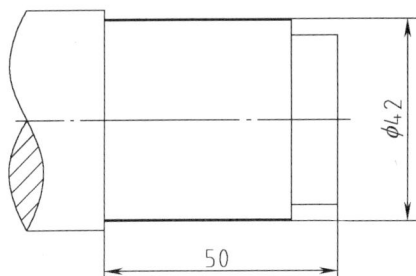

图 11-7 精车 ϕ42 外圆

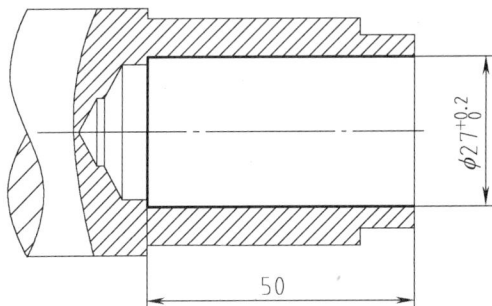

图 11-8 车 ϕ27 孔

(8) 车内孔槽 ϕ30×4：方刀架装内孔车槽刀，车内孔槽 ϕ30×4 至尺寸，如图 11-9 所示。

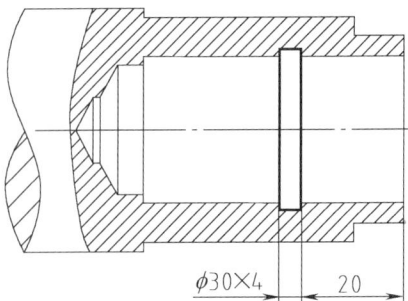

图 11-9 车内孔槽 ϕ30×4

(9) 粗车 30°外圆锥：旋转刀架总成至 30°/2 处紧固，选择 90°外圆车刀，粗车 30°外圆锥，如图 11-10 所示。

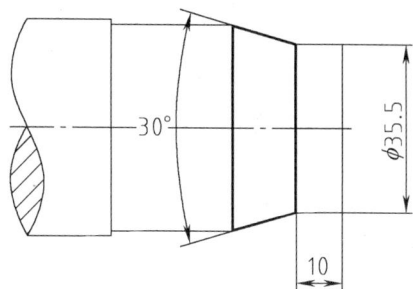

图 11-10 粗车 30°外圆锥

(10) 精车 ϕ35 外圆和 30°外圆锥：再次选择 90°外圆车刀，并调整好切削用量，精车 ϕ35 和 30°外圆锥后将刀架总成复位对正，如图 11-11 所示。

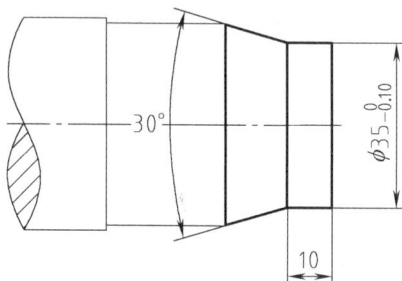

图 11-11 精车 ϕ35 外圆和 30°外圆锥

(11) 工件切断：方刀架换切断刀，调整好切削用量，用切断刀切断工件，总长留余量 1mm，如图 11-12 所示。

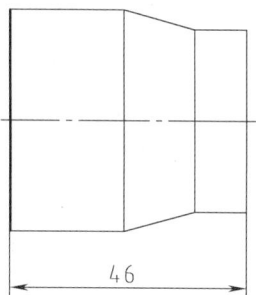

图 11-12 工件切断

(12) 车另一端面：工件 ϕ42 外圆用弹簧套装夹后再掉头装夹于三爪卡盘中，方刀架换 45°倒角(端面)刀或 90°外圆车刀，调整好切削用量，将工件另一端面精车好后拆下，如图 11-13 所示。注意总长为 45mm。

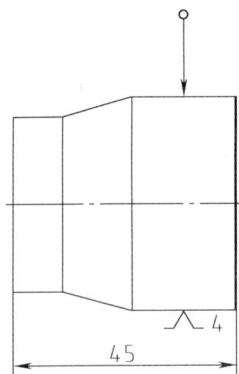

图 11-13　车另一端面

(13) 专用车床夹具装夹工件：工件用 $\phi27$ 孔定位装夹于专用车床夹具上，车床主轴前端安装一固定顶尖，尾座上安装一活动顶尖，将专用车床夹具连同工件一起装夹于两顶尖之间，以便加工 M38×1.5 螺纹等表面，如图 11-14 所示。

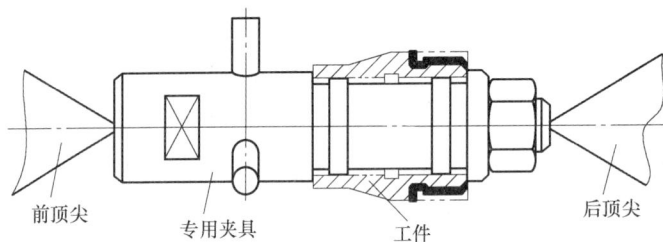

前顶尖　专用夹具　工件　后顶尖

图 11-14　专用车床夹具装夹工件

(14) 车 M38×1.5 螺纹大径：方刀架换 90° 外圆车刀，粗精车 M38×1.5 螺纹大径至尺寸，如图 11-15 所示。

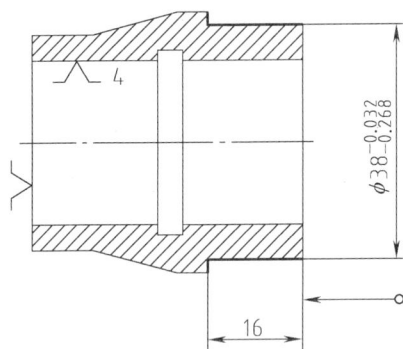

图 11-15　车 M38×1.5 螺纹大径

(15) 车退刀槽 $\phi35\times4$：方刀架换切槽车刀，车螺纹退刀槽 $\phi35\times4$ 至尺寸，如图 11-16 所示。

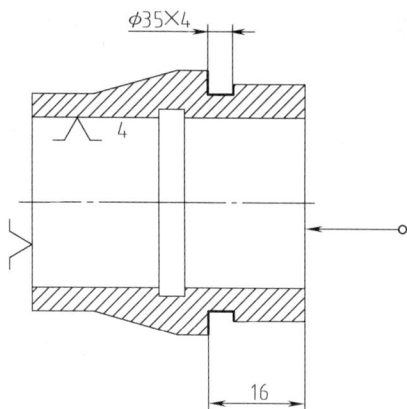

图 11-16　车退刀槽 ϕ 35×4

(16) 倒角 2×45°：方刀架换 45° 倒角车刀，倒角 2×45° 至尺寸，如图 11-17 所示。

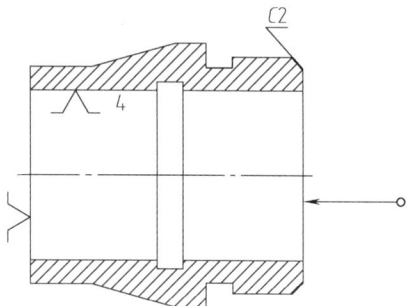

图 11-17　倒角 2×45°

(17) 车 M38×1.5 螺纹：方刀架换装 60° 螺纹车刀，调整机床切削用量，车 M38×1.5 螺纹至尺寸后拆下工件，如图 11-18 所示。

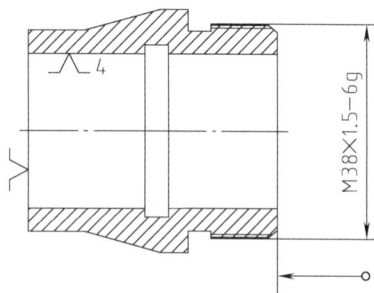

图 11-18　车 M38×1.5 螺纹

这里需要特别注意以下几个方面。

(1) 因工件表面较多，在加工过程中要注意粗精加工顺序，各工序间注意切削用量的正确选用。

（2）在精车外圆锥时，要注意进给应缓慢、连续、均匀，在外圆锥加工好后要使刀架及时复位。

（3）钻孔时，要特别注意切削用量的正确选用，加注充分的冷却液，并及时退屑，以免钻头被烧损或扭断。

（4）在用夹具装夹工件时，一定要将尾座紧固好，同时，两顶尖之间的夹具应松紧适宜，避免过紧过松。

（5）卡盘不能夹紧夹具。

（6）在加工的过程中要随时检查夹具装夹工件的情况。

第 3 篇　铣 削 加 工

项目 12　铣削基本知识

12.1　实 习 目 的

通过本次实习，熟悉并掌握铣削加工的基本知识与操作技能。

12.2　实 习 任 务

(1) 熟悉并掌握铣削的概念、特点和铣削方式。

(2) 熟悉并掌握铣床的基本原理、主要结构。

(3) 熟悉铣床各操控手柄的作用，并掌握其操控技能。

(4) 熟悉铣削的常用附件，掌握平口钳、回转工作台、分度头、万向平口钳的使用技能，完成坯料在各附件中的装夹。

(5) 熟悉常用铣刀的种类及使用场合，完成端铣刀、周铣刀、立铣刀的装夹。

(6) 掌握铣削用量的调整技能，完成铣削用量的调整。

12.3　实习器材准备

平口钳、万能分度头、圆工作台、配套芯轴、万向平口钳、V 型块、等高垫铁、橡胶榔头、螺旋压板、板坯料、轴坯料、周铣刀、面铣刀、立铣刀、键槽铣刀、三面刃铣刀、锯片铣刀、游标卡尺、千分尺、百分表、百分表架、塞尺、刀轴、铣刀夹头、钩形扳手、开口扳手、活动扳手、毛刷、棉纱。

12.4　铣　　削

12.4.1　铣削的概念

使用安装在铣床上的铣刀来切削工件的加工方式，是高效率的加工方法。其工作原理是：刀具做旋转主运动，工件做移动(或旋转)进给运动。当然，工件也可以固定，但此时旋转的刀具还必须移动，以同时完成主运动和进给运动。

铣削一般在铣床上进行，有时也在镗床上进行，这些机床可以是普通机床，也可以是数控机床。常用的普通铣床按布局分，有卧式铣床、立式铣床，也有大型的龙门铣床。铣削主要适于加工平面、沟槽、各种成形面(如花键、齿轮和螺纹等)，如图 12-1 所示。

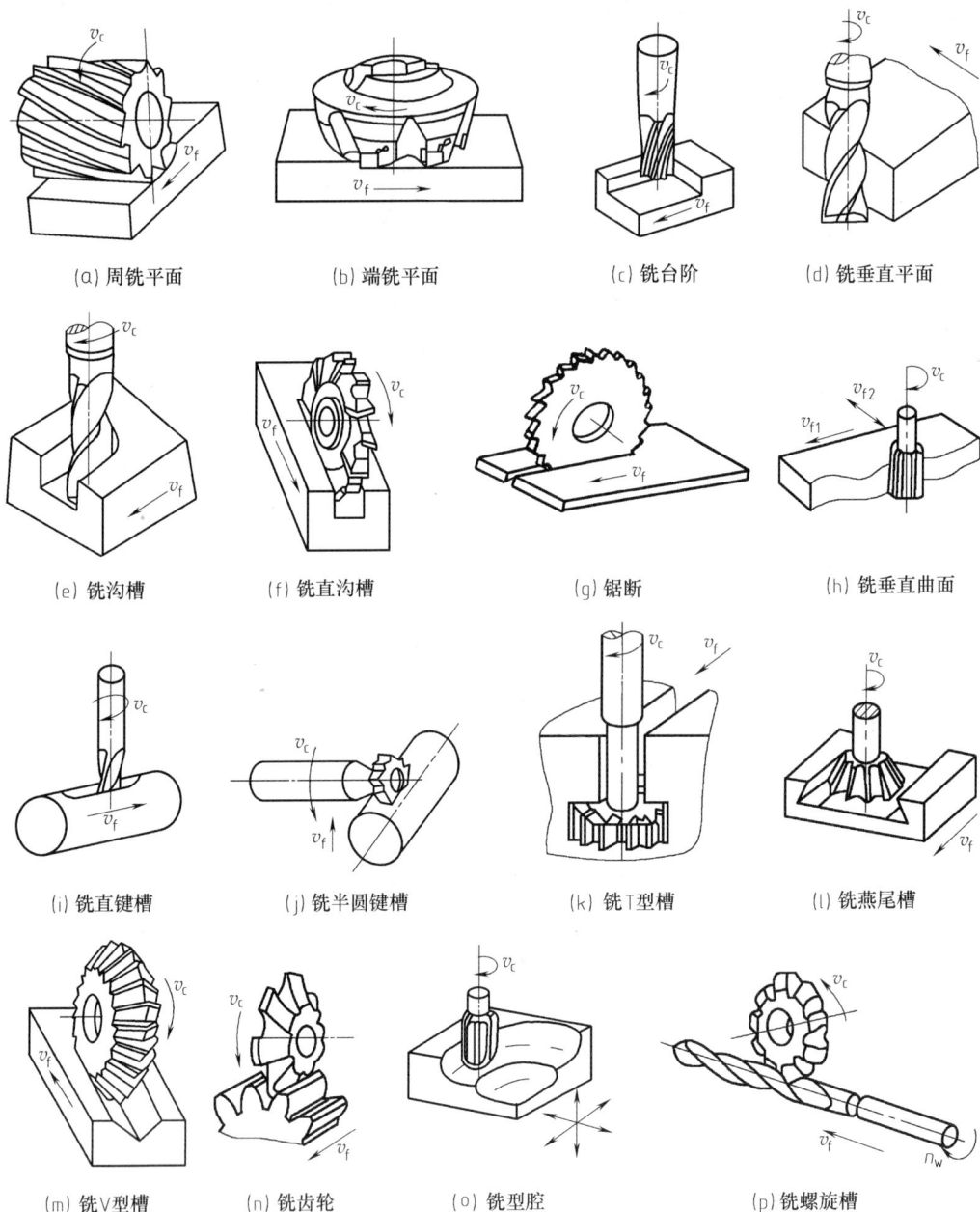

| (a) 周铣平面 | (b) 端铣平面 | (c) 铣台阶 | (d) 铣垂直平面 |

| (e) 铣沟槽 | (f) 铣直沟槽 | (g) 锯断 | (h) 铣垂直曲面 |

| (i) 铣直键槽 | (j) 铣半圆键槽 | (k) 铣T型槽 | (l) 铣燕尾槽 |

| (m) 铣V型槽 | (n) 铣齿轮 | (o) 铣型腔 | (p) 铣螺旋槽 |

图 12-1　铣削加工

12.4.2　铣削的特点

铣削具有以下几个方面的特点。

1．加工效率高

铣刀是典型的多刃刀具，加工过程有几个刀齿同时参加切削，总的切削宽度较大。铣削时的主运动是铣刀的旋转运动，可进行高速切削，故铣削的生产率高。

2．加工范围广

可以加工多种表面，如可铣削周围封闭的凹平面、圆弧形沟槽、具有分度要求的小平面和沟槽等。

3．加工精度高

加工精度为 IT8～IT9，表面粗糙度值为 Ra12.5～1.6，必要时可达加工精度 IT5、表面粗糙度 Ra0.2。

4．刀具寿命长

铣削过程中，就每个刀齿而言是依次参加切削，刀齿在离开工件的一段时间内，可以得到一定的冷却。因此，刀齿散热条件好，有利于减少刀齿的磨损，延长铣刀的使用寿命。

5．适应范围较广

铣削加工既适用于单件小批量生产，也适用于大批量生产。

6．振动与噪音较大

铣刀是多刃刀具，在铣削加工中属于不连续切削，会产生一定的冲击和振动。由于是断续切削，刀齿在切入和切出工件时会产生冲击，而且每个刀齿的切削厚度也时刻在变化，这就引起切削面积和切削力的变化。因此，铣削过程不平稳，容易产生振动，噪音也较大。

7．铣削成本较高

铣床、铣刀结构复杂，制造与刃磨困难，所以铣削成本较高。

12.4.3　铣削的方式

铣削有周铣和端铣两种方式，如图 12-2 所示。

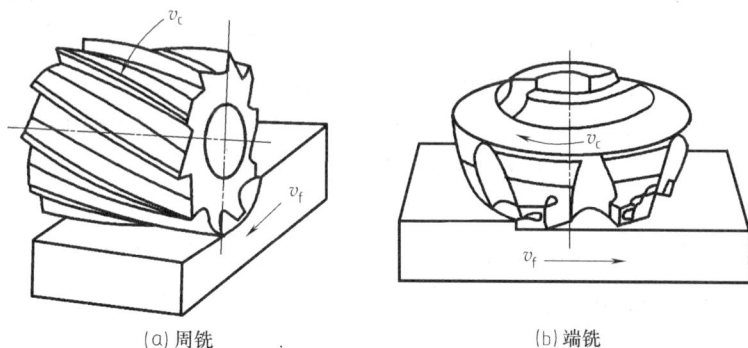

(a) 周铣　　　　　　　　(b) 端铣

图 12-2　铣削方式

1. 周铣

用刀齿分布在圆柱面上的铣刀进行铣削的方式称为周铣，根据铣刀旋向与工件进给方向的不同，周铣又有逆铣和顺铣之分，如图 12-3 所示。

1) 逆铣

如图 12-3(a)所示，铣削时，铣刀每一刀齿在工件切入处的速度方向与工件进给方向相反，这种铣削方式称为逆铣。逆铣具有以下几个方面的特点。

(1) 刀具磨损较大。刀齿的切削厚度从零逐渐增大至最大，这使得刀齿在开始切入时，由于刀齿刃口有圆弧，刀齿在工件表面打滑，产生挤压与摩擦，使这段表面产生冷硬，至滑行一定程度后，刀齿方能切下一层金属层。下一个刀齿切入时，又在冷硬层上挤压、滑行，这样不仅加速了刀具磨损，同时也使工件表面粗糙值增大。

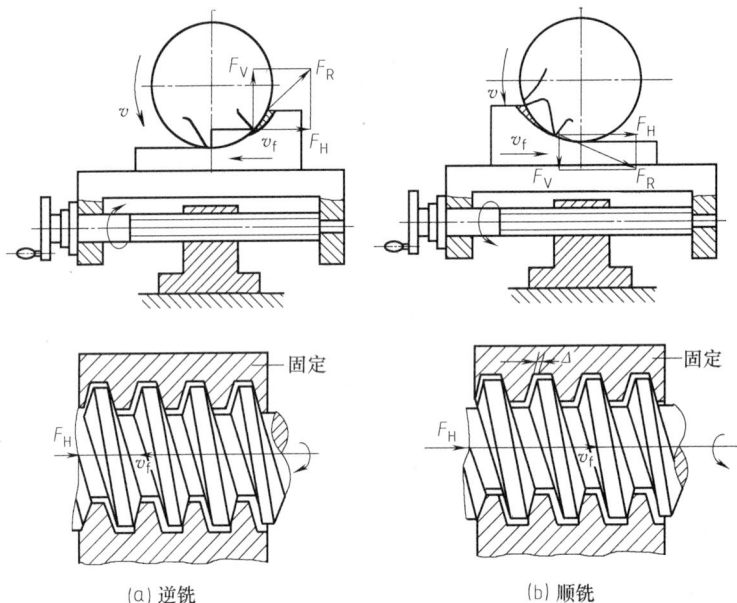

图 12-3　周铣方式

(2) 铣削过程平稳。

由于铣床工作台纵向进给运动是用丝杠螺母副来实现的，螺母固定，丝杠带动工作台移动。由图 12-3(a)可见，逆铣时，铣削力 F_R 的纵向铣削分力 F_H 与驱动工作台移动的纵向力方向相反，这样使得工作台丝杠螺纹的左侧与螺母齿槽左侧始终保持良好接触，工作台不会发生窜动现象，铣削过程水平方向平稳。但在刀齿切离工件的瞬时，铣削力 F_R 的垂直铣削分力 F_V 是向上的，对工件夹紧不利，易引起竖直方向上的一些振动。

2) 顺铣

如图 12-3(b)所示，铣削时，铣刀每一刀齿在工件切出处的速度方向与工件进给方向相同，这种切削方式称为顺铣。顺铣具有以下几个方面的特点。

(1) 刀具磨损较小。

刀齿的切削厚度从最大逐步递减，没有逆铣时的滑行现象，已加工表面的加工硬化程度大大减轻，表面质量较高，铣刀的耐用度比逆铣高。同时铣削力 F_R 的垂直分力 F_V 始终压向工作台，避免了工件竖直方向的振动。

(2) 铣削过程振动。

由图 12-3(b)可见，顺铣时，切削力 F_R 的纵向分力 F_H 始终与驱动工作台移动的纵向力方向相同。如果丝杠螺母副存在轴向间隙，当纵向切削力 F_H 大于工作台与导轨之间的摩擦力时，会使工作台带动丝杠出现左右窜动，造成工作台进给不均匀，使铣削过程水平方向振动，严重时会出现打刀现象。粗铣时，如果采用顺铣方式加工，则铣床工作台进给丝杠螺母副必须有消除轴向间隙的机构，否则宜采用逆铣方式加工。

综合上述比较，在铣床上进行周铣时，一般都采用逆铣，只有下列情况才选用顺铣。

(1) 工作台丝杠螺母传动副之间有间隙调整机构，并可将轴向间隙调整到 $0.03\sim 0.05\text{mm}$ 这样足够小。

(2) F_R 在水平方向的分力 F_H 小于工作台与导轨之间的摩擦力。

(3) 铣削不易夹紧或薄而长的工件。

2．端铣

用端铣刀的端面齿进行铣削的方式，称为端铣，如图 12-2(b)所示。铣削加工时，根据铣刀与工件相对位置的不同，端铣分为对称铣和不对称铣两种，不对称铣又分为不对称逆铣和不对称顺铣，如图 12-4 所示。

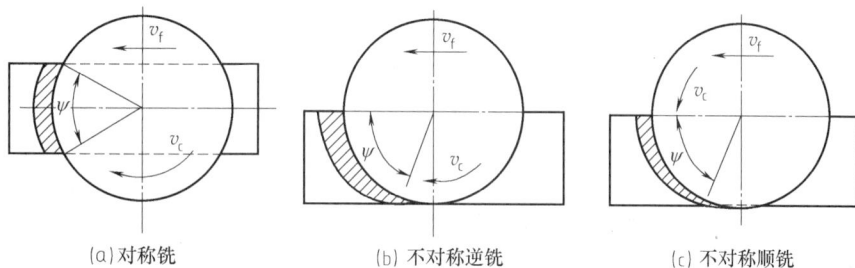

图 12-4　端铣方式

1) 对称铣

如图 12-4(a)所示，铣刀轴线位于铣削弧长的对称中心位置，铣刀每个刀齿切入和切离工件时切削厚度相等，称为对称铣。对称铣削具有最大的平均切削厚度，可避免铣刀切入时对工件表面的挤压、滑行，铣刀耐用度高。对称铣适用于工件宽度接近面铣刀的直径，且铣刀刀齿较多的情况。

2) 不对称逆铣

如图 12-4(b)所示，当铣刀轴线偏置于铣削弧长的对称位置，且逆铣部分大于顺铣部分的铣削方式，称为不对称逆铣。不对称逆铣切削平稳，切入时切削厚度小，减少了冲击，从而使刀具耐用度和加工表面质量得到提高。不对称逆铣适合于加工碳钢及低合金钢及较窄的工件。

3) 不对称顺铣

如图 12-4(c)所示，其特征与不对称逆铣正好相反。这种切削方式一般很少采用，但用于铣削不锈钢和耐热合金钢时，可减少硬质合金刀具剥落磨损。

周铣和端铣，是由于在铣削过程中采用不同类型的铣刀而产生的不同的铣削方式。两种铣削方式相比，端铣具有铣削较平稳，加工质量及刀具耐用度均较高的特点，且端铣用的端铣刀能镶硬质合金刀齿，可采用大的切削用量，实现高速切削，生产率高。但端铣适应性差，主要用于平面铣削。周铣的铣削性能虽然不如端铣，但周铣能用多种铣刀加工多种表面，如铣平面、沟槽、齿形和成形表面等，适应范围广，因此在生产中应用较多。

12.5 铣 床

铣床是进行铣削加工所用的机床，在铣床上使用不同类型的铣刀，配备相应的铣床附件，才能完成铣削加工工作。

铣床工作时的主运动是主轴部件带动铣刀的旋转运动，进给运动是由工作台在三个互相垂直方向的直线运动来实现的。由于铣床上使用的是多齿刀具，切削过程中存在冲击和振动，这就要求铣床在结构上应具有较高的静刚度和动刚度。

铣床的类型很多，根据其布局形式来分，主要类型有万能卧式升降台铣床、立式升降台铣床、龙门铣床、工具铣床等。此外，根据其他一些方式分，还有仿形铣床、仪表铣床和各种专门化铣床(如键槽铣床、曲轴铣床)等。随着机床数控技术的发展，数控铣床、镗铣加工中心的应用也越来越普遍。

12.5.1 万能卧式升降台铣床

万能卧式升降台铣床是指主轴轴线呈水平安置的，工作台可以做纵向、横向和垂直运动，并可在水平平面内调整一定角度的铣床。图 12-5 所示是一种应用最为广泛的万能卧式升降台铣床外形图，代表型号有 X6132，主轴孔锥度为 7∶24。加工时，铣刀装夹在刀杆上，刀杆一端安装在主轴的锥孔中，另一端由悬梁右端的刀杆支架支承，以提高其刚度。驱动铣刀做旋转主运动的主轴变速机构安装在床身内。工作台可沿回转盘上的燕尾导轨做纵向运动，回转盘可相对于床鞍绕垂直轴线调整至一定角度(±45°)，以便加工螺旋槽等表面。床鞍可沿升降台上的导轨做平行于主轴轴线的横向运动，升降台则可沿床身侧面导轨做垂直运动。进给变速机构及其操纵机构都置于升降台内。工件用平口钳或螺栓压板或专用夹具等装夹在工作台上，随工作台一起在三个方向实现任一方向的位置调整或进给运动。万能卧式升降台铣床及卧式升降台铣床的主参数是工作台面宽度。它们主要用于中小零件的加工。

图 12-5 中的标注：主轴　冷却　横梁　悬架　工作台　转台　床鞍　床身　主变速　底座　升降台　进给变速

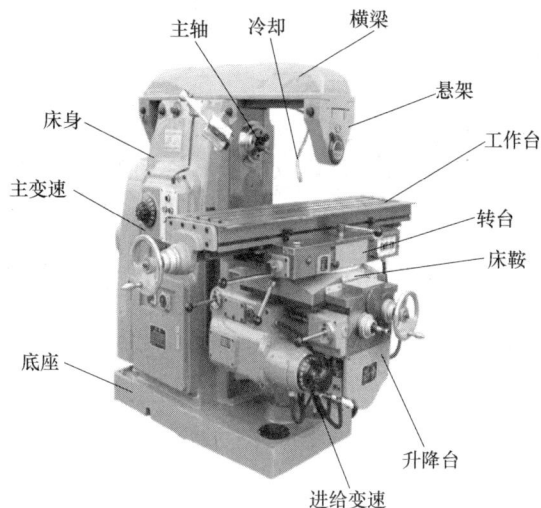

图 12-5　卧式升降台铣床

12.5.2　立式升降台铣床

立式升降台铣床与卧式升降台铣床的主要区别仅在于它的主轴是垂直安置的，可用各种端铣刀(亦称面铣刀)、立铣刀或其他铣刀加工平面、斜面、沟槽、台阶、齿轮、凸轮以及封闭的轮廓表面等。图 12-6 所示为常见的一种立式升降台铣床外形图，其工作台、床鞍及升降台与卧式升降台铣床相同，代表型号有 X5032，主轴孔锥度为 7∶24。主轴所在的立铣头可在垂直平面内旋转一定的角度，以扩大加工范围，如加工斜面等。主轴可沿轴线方向进行调整或做进给运动。

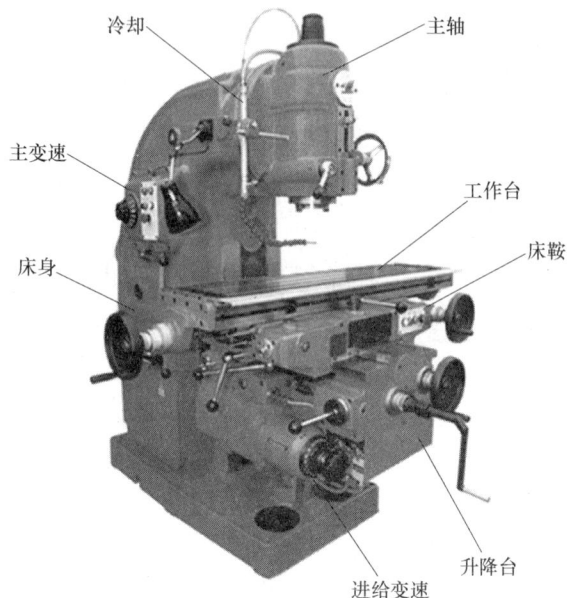

图 12-6 中的标注：冷却　主轴　主变速　工作台　床身　床鞍　进给变速　升降台

图 12-6　立式升降台铣床

12.5.3　龙门铣床

龙门铣床是一种大型高效的通用机床,主要用于加工各类大型工件上的平面、沟槽。它不仅可以对工件进行粗铣、半精铣,也可以进行精铣加工。图 12-7 所示为具有四个铣头的中型龙门铣床。四个铣头分别安装在横梁和立柱上,并可单独沿横梁或立柱的导轨做调整位置的移动。每个铣头即一个独立的主运动部件,又能由铣头主轴套筒带动铣刀主轴沿轴向实现进给运动和调整位置的移动,根据加工需要每个铣头还能旋转一定的角度。加工时,工作台带动工件做纵向进给运动,其余运动均由铣头实现。由于龙门铣床的刚性和抗振性比龙门刨床好,它允许采用较大的切削用量,并可用几个铣头同时从不同方向加工几个表面,机床生产效率高,在成批和大量生产中得到广泛应用。

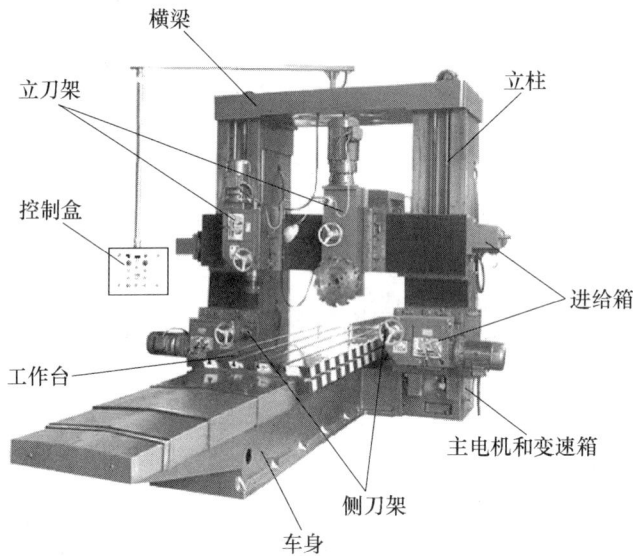

图 12-7　龙门铣床

12.5.4　万能工具铣床

万能工具铣床的基本布局与万能升降台铣床相似,但配备了多种附件,如机用虎钳、回转工作台、可倾斜工作台、分度装置、立铣头、插削头等,因而扩大了机床的万能性,能完成镗、铣、钻、插等切削加工,适用于加工各种刀具、夹具、冲模、压模等中小型模具及其他复杂零件,借助多种特殊附件能完成圆弧、齿条、齿轮、花键等类零件的加工,故常用于工具车间加工形状比较复杂的各种切削刀具、夹具及模具零件等。如图 12-8 所示为万能工具铣床外形。

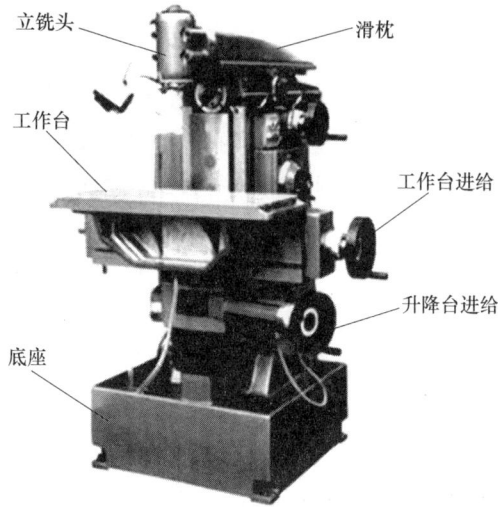

图 12-8　万能工具铣床

12.6　铣　床　附　件

铣床一般配备有多种附件，用来扩大工艺范围。常用的铣床附件主要有平口钳、圆工作台和万能分度头等附件，平口钳是最常用的铣床附件。

12.6.1　平口钳

平口钳，又称机用虎钳，是一种最常用的通用夹具，常用于安装小型工件，它是铣床、钻床的随机附件，如图 12-9 所示。使用时，将其固定在机床工作台上，工件放置在两钳口铁之间，用手柄转动丝杠，通过丝杠螺母带动活动钳身移动，形成对工件的夹紧。

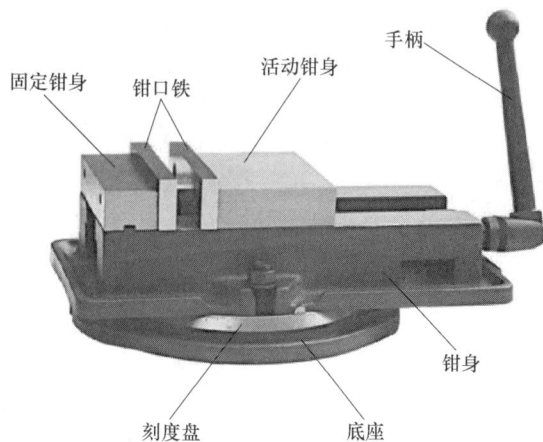

图 12-9　平口钳

12.6.2 圆工作台

圆工作台，也称回转工作台，如图 12-10 所示。圆工作台安装在铣床工作台上，适合用来装夹法兰盘之类的工件，以铣削工件上的圆弧表面或沿圆周分度。工作时，转动手轮，通过圆工作台内部的蜗杆蜗轮机构，使转台转动。转台的中心为圆锥孔，供工件定位用。利用 T 型槽、T 型螺栓和压板将工件夹紧在转台上。对于可机动的圆工作台，传动轴和铣床的传动装置相连接，可进行机动进给。扳转离合器手柄可接通或断开机动进给。调整挡铁的位置，可使转台自动停止在所需的位置上。

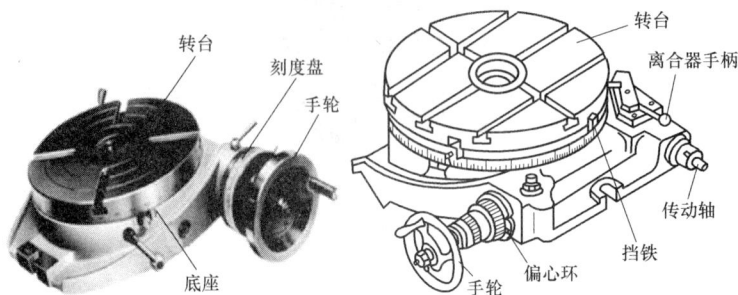

图 12-10　圆工作台

12.6.3 万能分度头

图 12-11 所示为 F11160A 型万能分度头的外形。作为铣床上的重要附件，分度头在铣削加工中得到了广泛应用。分度头的种类较多，有直接分度头、简单分度头和万能分度头等，其中，万能分度头使用最广泛。

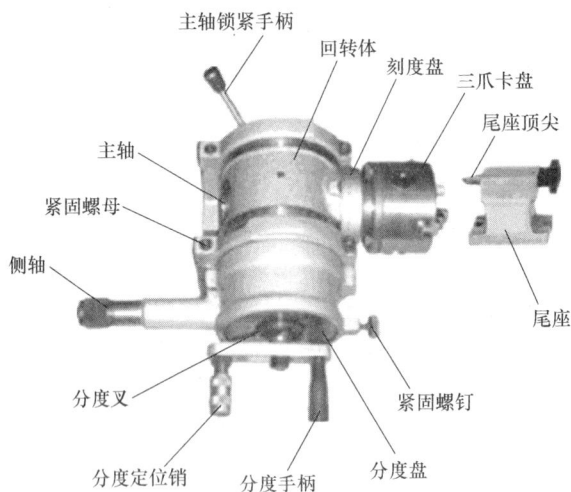

图 12-11　万能分度头

万能分度头一般安装在铣床的工作台上，被加工工件支承在分度头主轴顶尖与尾座之间，也可以夹持在卡盘上。万能分度头可以完成下列工作。

（1）使工件周期地绕自身轴线回转一定角度，以完成等分或不等分的圆周分度工作，如加工方头、六角头、齿轮、花键以及刀具的等分或不等分刀齿等。

（2）通过配换齿轮，由分度头使工件连续转动，并与工作台的纵向进给运动相配合，用来完成螺旋齿轮、螺旋槽和阿基米德螺旋线凸轮的加工。

（3）用分度头上的卡盘夹持工件，使工件轴线相对于铣床工作台倾斜一定的角度，以加工与工件轴线相交呈一定角度的平面、沟槽等。

因此，分度头在单件小批生产中得到了普遍应用。

12.6.4　中心钳

中心钳与平口钳有些类似，但它的两个钳口都是活动的，而且这两钳口在一正一反两段螺纹所形成的差动丝杆驱动下始终可以使工件自动对中，从而保证了批量工件的加工精度。图 12-12 所示是用于装夹轴类零件用的中心钳，也称 K 型钳，两钳口是两个 V 型块。

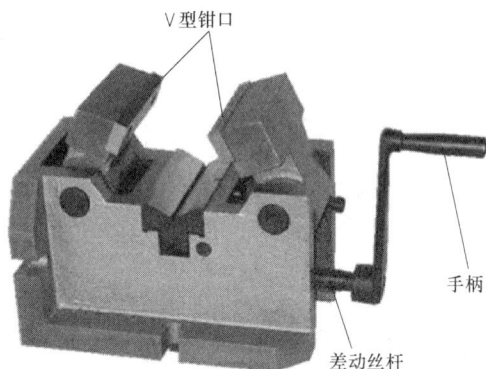

图 12-12　中心钳

12.6.5　万向平口钳

在平口钳中，还有一种万向平口钳，它可以调整倾斜角度，以便用于夹持需要倾斜的工件，如图 12-13 所示。转动倾斜度调整螺母可以调整虎钳的倾斜角度。当然，松开前方的四颗锁紧螺钉也可以做左右倾斜调整。

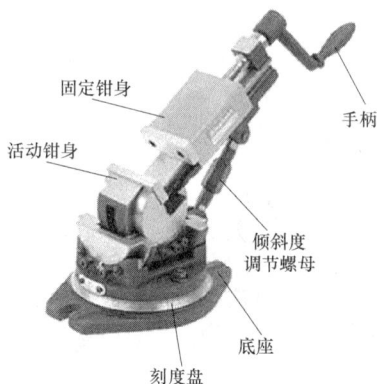

图 12-13　万向平口钳

12.7 铣　　刀

铣刀为多齿回转刀具，其每一个刀齿都相当于一把车刀固定在铣刀的回转面上。铣刀刀齿的几何角度和切削过程，都与车刀或刨刀基本相同。铣刀的类型很多，结构不一，应用范围很广，是金属切削刀具中种类最多的刀具之一。

铣刀按其用途可分为加工平面用铣刀、加工沟槽用铣刀、加工成形面用铣刀等类型；按其形状分，有圆柱形铣刀、面铣刀、立铣刀等；按其在铣床上的安装方式分，又有带孔的铣刀和带柄的铣刀两大类。通用规格的铣刀已标准化，一般均由专业工具厂制造。以下介绍几种常用铣刀的特点及适用范围。

12.7.1 圆柱铣刀

圆柱铣刀，又称周铣刀，如图 12-14 所示，一般都是用高速钢整体制造，直线或螺旋线切削刃分布在圆周表面上，没有副切削刃。螺旋形的刀齿切削时是逐渐切入和脱离工件的，所以切削过程较平稳，主要用于卧式铣床铣削宽度小于铣刀长度的狭长平面。

图 12-14　圆柱铣刀

12.7.2 端铣刀

端铣刀，也称面铣刀，其主切削刃分布在圆柱或圆锥面上，同时端面切削刃为副切削刃，如图 12-15 所示。端铣刀按刀齿材料可分为高速钢和硬质合金两大类，多制成套式镶齿结构。镶齿面铣刀刀盘直径一般为 $\phi 75 \sim \phi 300$，最大可达 $\phi 600$，主要用于铣削台阶面和平面，特别适合较大平面的铣削加工。用面铣刀加工平面，同时参加切削的刀齿较多，又有副切削刃的修光作用，使加工表面粗糙度值小。硬质合金镶齿面铣刀可实现高速切削(100～150 m/min)，生产效率高，应用非常广泛。

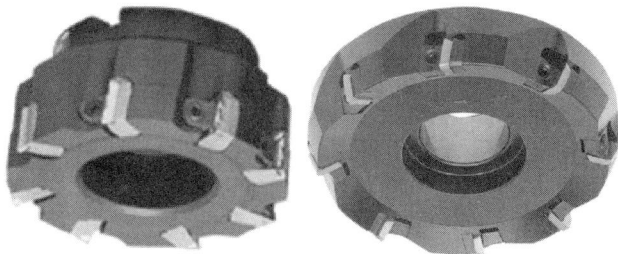

图 12-15　端铣刀

12.7.3   立铣刀

如图 12-16 所示，立铣刀一般由 3～4 个刀齿组成，圆柱面上的切削刃是主切削刃，端面上分布着副切削刃，工作时只能沿着刀具的径向进给，不能沿着铣刀轴线方向做进给运动。它主要用于铣削凹槽、台阶面和小平面，还可以利用靠模铣削成型表面。

(a)直柄立铣刀

(b) 锥柄立铣刀

图 12-16   立铣刀

12.7.4   三面刃铣刀

三面刃铣刀可分为直齿三面刃和错齿三面刃，它主要用在卧式铣床上铣削台阶面和凹槽。如图 12-17 所示，三面刃铣刀除圆周具有主切削刃外，两侧面也有副切削刃，从而改善了两端面切削条件，提高了切削效率，减小了表面粗糙度值。错齿三面刃铣刀，圆周上刀齿呈左右交错分布，和直齿三面刃铣刀相比，它切削较平稳、切削力小、排屑容易，故应用较广。

(a)直齿   (b)错齿   (c)镶齿

图 12-17   三面刃铣刀

12.7.5   锯片铣刀

如图 12-18 所示，锯片铣刀很薄，只有圆周上有刀齿，侧面无切削刃，主要用于铣削窄槽和切断工件。为了减小摩擦和避免夹刀，其厚度由边缘向中心减薄，使两侧面形成副偏角。

图 12-18　锯片铣刀

12.7.6　键槽铣刀

如图 12-19 所示，它的外形与立铣刀相似，不同的是它在圆周上只有两个螺旋刀齿，其端面刀齿的刀刃延伸至中心，因此在铣两端不通的封闭键槽时，可做适量的轴向进给，它主要用于加工圆头封闭键槽。铣削加工时，先轴向进给达到槽深，然后沿键槽方向铣出键槽全长。

图 12-19　键槽铣刀

12.7.7　特殊类型铣刀

除了上述常用的铣刀外，还有其他一些特殊类型的铣刀，如角度铣刀、成型铣刀、T型槽铣刀、燕尾槽铣刀以及圆锥形、圆柱形等球头型模具铣刀，如图 12-20 所示。

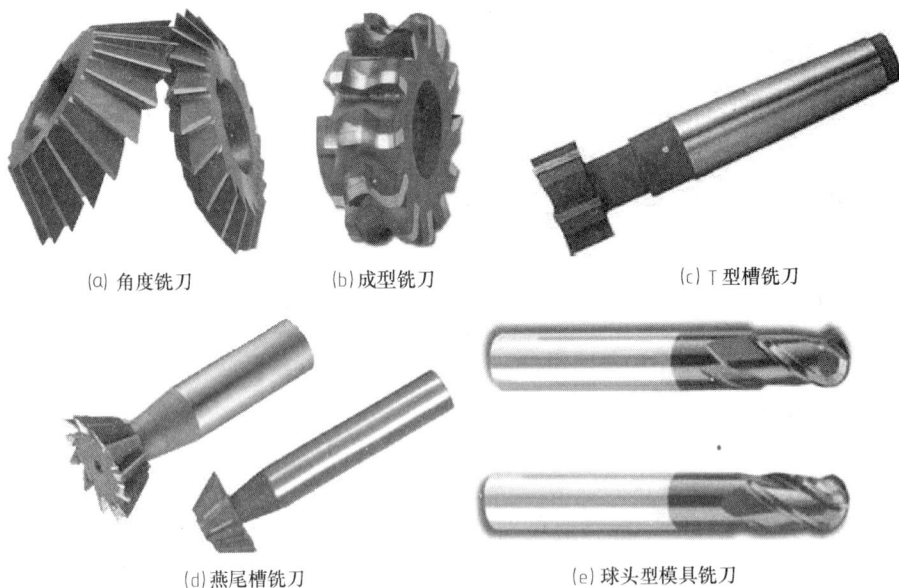

(a) 角度铣刀　　　　　(b) 成型铣刀　　　　　(c) T 型槽铣刀

(d) 燕尾槽铣刀　　　　　(e) 球头型模具铣刀

图 12-20　特殊类型铣刀

12.8　铣刀安装

12.8.1　有孔铣刀安装

　　圆柱形周铣刀、三面刃铣刀、角度铣刀以及锯片铣刀等都是带孔铣刀，它们一般多采用长刀杆装夹，安装步骤是：先将铣刀装夹在刀杆上，再将其整个安装到铣床上，如图 12-21 所示。

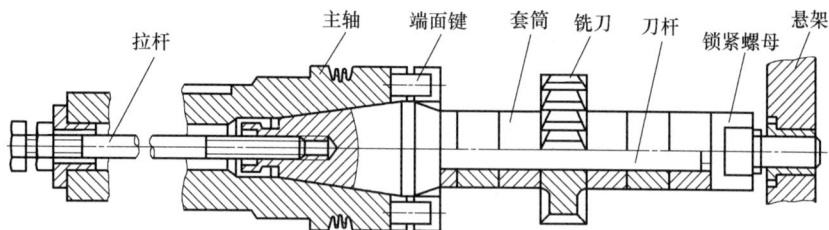

図 12-21　带孔铣刀的安装

　　注意事项如下。

　　(1) 刀杆有大小各一根，装刀时应根据铣刀的孔径选择相应规格的刀杆。

　　(2) 主轴的锥孔和刀杆锥柄要擦净，刀杆用拉杆拉紧在主轴上。

　　(3) 铣刀套上刀杆后，应先把悬架装好，并调整支架轴承间隙，再拧紧锁紧螺母，把铣刀压紧。特别提示：悬架未支承好刀杆前，不得拧紧铣刀锁紧螺母，以防刀杆受力弯曲变形。

　　(4) 在不影响加工的情况下，应尽可能使铣刀靠近铣床主轴，并使悬架尽可能靠近铣刀，以增加刚性。

　　(5) 刀杆上套筒的两端面必须保持平行、清洁，不得有磕碰毛刺或粘有污物，以免把铣刀夹歪，或者把刀杆挤弯。

　　(6) 在装夹铣刀时，应当注意铣刀的刃口必须和主轴旋转方向一致，否则不但无法切削，而且会损坏铣刀。

　　(7) 最后将横梁锁紧。

　　需要说明的是，对于大直径的带孔面铣刀，则需要先装上锥度刀柄，然后按有柄铣刀安装。

12.8.2　有柄铣刀安装

　　立铣刀、键槽铣刀、半圆键槽铣刀以及 T 型槽铣刀等都是有柄铣刀。有柄铣刀的柄部有锥柄和直柄两种形式。

1. 锥柄铣刀的装夹

　　锥柄铣刀柄部有莫氏锥度和公制锥度两种。莫氏锥度，一般采用有莫氏 1#、2#、3#、

4#、5#五种，按铣刀直径的大小不同，制成不同号数的锥柄。公制锥度为 7∶24。

当铣刀柄部的锥度和主轴锥孔锥度相同时，擦净主轴锥孔和铣刀锥柄，垫棉纱用左手握住铣刀，将铣刀锥柄穿入主轴锥孔，然后用扳手旋紧拉紧螺杆螺母，紧固铣刀，如图 12-22 所示。

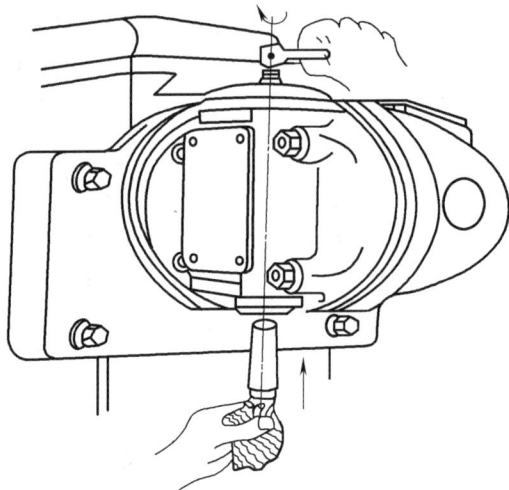

图 12-22　锥柄铣刀安装

当铣刀柄部的锥度和主轴锥孔锥度不同时，需要借助变径套安装铣刀。变径套的外圆锥度与主轴锥孔锥度相同，而内孔锥度与铣刀锥柄锥度一致。安装时，擦净主轴锥孔、变径套内外锥体和铣刀锥柄，先将铣刀插入变径套锥孔，然后将变径套连同铣刀一起穿入主轴锥孔，用扳手旋紧拉紧螺杆螺母，紧固铣刀，如图 12-23 所示。

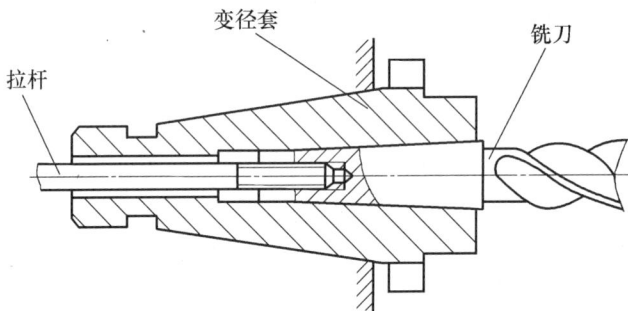

图 12-23　用变径套安装锥柄铣刀

2. 直柄铣刀的装夹

直柄铣刀多为小直径铣刀，一般采用弹簧夹头进行装夹，如图 12-24 所示。铣刀的直柄插入弹簧夹头的孔中，用锁紧螺母挤压弹簧夹头的端面，使弹簧夹头的外锥面受压而孔径缩小，从而将铣刀夹紧。弹簧夹头上有三个开口，受力时能收缩。弹簧夹头有多种孔径，以适应各种规格尺寸的铣刀。

弹簧夹头　　直柄铣刀

锁紧螺母

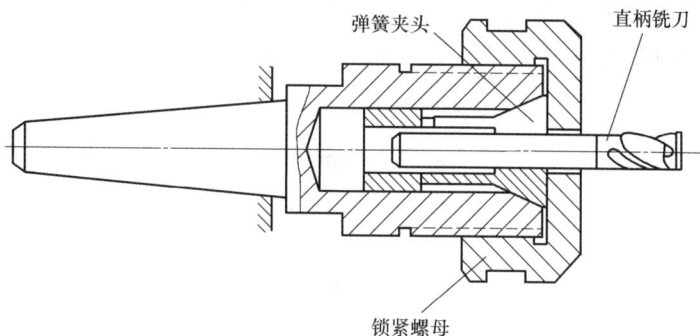

图 12-24　用弹簧夹头安装直柄铣刀

12.8.3　铣刀安装质量检查

铣刀安装后，应做以下几方面检查。

1．检查铣刀装夹是否牢固

铣刀装夹后，应仔细检查铣刀是否装夹牢固，否则，铣刀在高速旋转时有可能脱落，这将造成非常严重的人身设备安全事故。

2．检查配合质量

检查挂架轴承孔与铣刀杆支承轴颈的配合间隙是否合适，一般情形下，以铣削时不振动、挂架轴承不发热为宜。

3．检查铣刀回转方向是否正确

在启动机床主轴回转后，铣刀应向着前面方向回转。

4．检查铣刀刀齿的径向圆跳动

对于一般的铣削，可用目测法或凭经验确定铣刀刀齿的径向圆跳动和端面圆跳动是否符合要求。对于精密的铣削，可用百分表检测，一般铣刀的径向或端面圆跳动不应超过0.05mm。

12.9　工　件　装　夹

工件装夹的方式很多，主要有平口钳装夹、螺栓压板装夹、分度头装夹、V 型块装夹、圆工作台装夹、中心钳装夹、专用夹具装夹、V 型块和百分表校正装夹等多种方式。

12.9.1　平口钳装夹

用平口钳装夹工件具有稳固简单、操作方便等优点，但如果装夹方法不正确，会造成工件的变形等问题，为避免此问题的出现，可以采用以下几种方法。

1．加垫铜皮

如图 12-25 所示，应选择大而平整的面与钳口铁平面贴合。为防止损伤钳口和装夹不牢，最好在钳口铁和工件之间垫放铜皮。毛坯件的上面要用划针进行校正，使之与工作台台面尽量平行。校正时，工件不宜夹得太紧。

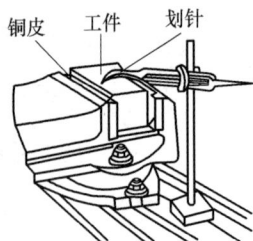

图 12-25　加垫铜皮装夹工件

2．加垫圆棒

为使工件的基准面与固定钳口铁平面密合，保证加工质量，在装夹时，可在活动钳口与工件之间放置一根圆棒，如图 12-26 所示。圆棒要与钳口的上平面平行，其位置应在工件被夹持部分高度的中间偏上。

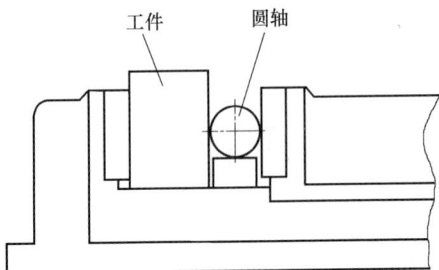

图 12-26　加垫圆棒装夹工件

3．加垫平行垫铁

为使工件的基准面与水平导轨面密合，保证加工质量，在工件与水平导轨面之间通常要放置平行垫铁，如图 12-27 所示。工件夹紧后，可用铝棒或铜锤轻敲工件上平面，同时用手试着移动平行垫铁，当垫铁不能移动时，表明垫铁与工件及水平导轨面密合。敲击工件时，用力要适当且逐渐减小，用力过大会因产生较大的反作用力而影响装夹效果，如图 12-28 所示。

图 12-27　平行垫铁

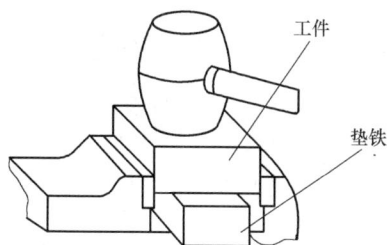

图 12-28　加垫平行垫铁装夹工件

4．加垫 V 型块

使用平口钳装夹轴类工件时，应加垫 V 型块，以使 V 型块能对工件可靠定位并夹紧，如图 12-29 所示。

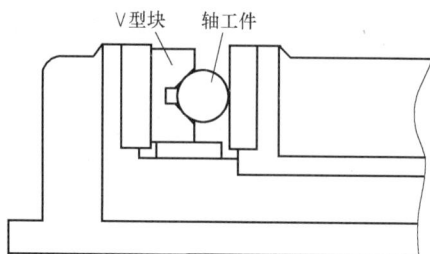

图 12-29　加垫 V 型块装夹工件

12.9.2　螺旋压板装夹

对于形状尺寸较大或不便于用机用虎钳装夹的工件，常用压板将其安装在铣床工作台台面上进行加工。当卧式铣床上用端铣刀铣削时，普遍采用压板装夹工件进行铣削加工。

1．压板的结构和装夹

压板的结构如图 12-30 所示，压板通过 T 型螺栓、螺母和台阶垫铁将工件压紧在工作台台面上，螺母和压板之间应垫有垫圈。压紧工件时，压板至少应选用两块，将压板的一端压在工件上，另一端压在台阶垫铁上，如图 12-31 所示。

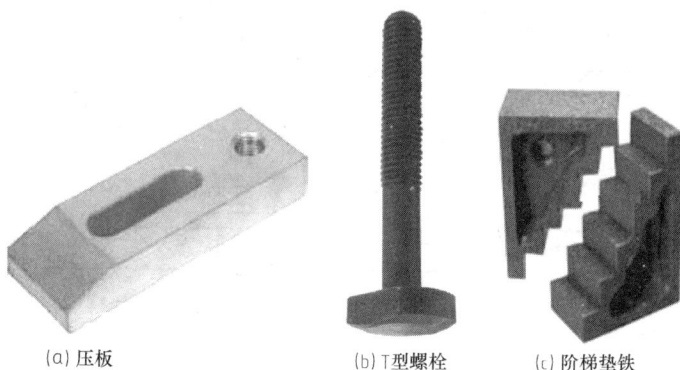

(a) 压板　　　　　(b) T型螺栓　　　　　(c) 阶梯垫铁

图 12-30　螺栓压板

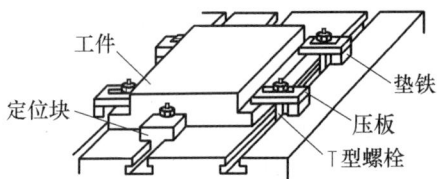

图 12-31　螺栓压板装夹

2．注意事项

用压板装夹工件时，压板位置要适当，以免压紧力不当而影响铣削质量或造成事故。因此，操作时应注意以下几点。

(1) 如图 12-32(a)所示，压板螺栓应尽量靠近工件，使螺栓到工件的距离小于螺栓到垫铁的距离，这样会增大夹紧力。

(2) 如图 12-32(b)所示，垫铁的选择要正确，高度要与工件相同或稍高于工件，否则会影响夹紧效果。

(3) 如图 12-32(c)所示，压板夹紧工件时，应在工件和压板之间垫放铜皮，以避免损伤工件已加工的表面。

(4) 如图 12-32(d)所示，压板的夹紧位置要适当，应尽量靠近加工区域和工件刚度较好的位置。若夹紧位置有悬空，应将工件垫实。

(5) 如图 12-32(e)所示，每个压板的夹紧力大小应均匀，以防止压板夹紧力的偏移而使压板倾斜。

(6) 夹紧力的大小应适当，过大会使工件变形，过小达不到夹紧效果。

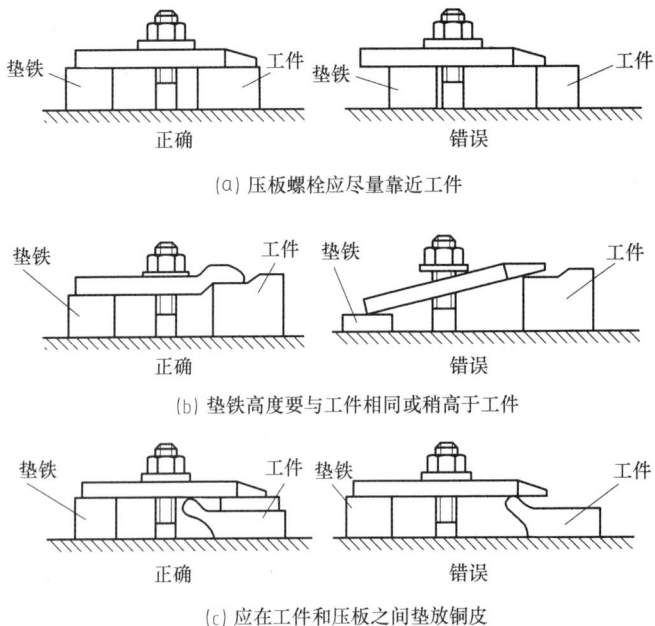

(a) 压板螺栓应尽量靠近工件

(b) 垫铁高度要与工件相同或稍高于工件

(c) 应在工件和压板之间垫放铜皮

图 12-32　螺旋压板装夹注意事项

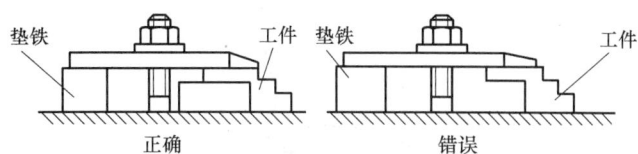

(d) 应尽量靠近加工区域和工件刚度较好的位置

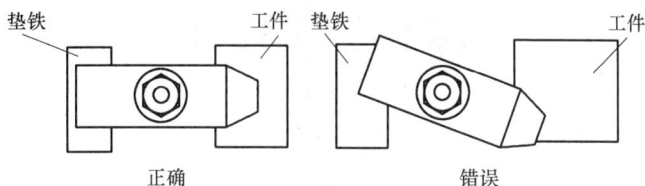

(e) 夹紧力大小应均匀

图 12-32　螺旋压板装夹注意事项(续)

12.9.3　分度头装夹

用分度头装夹工件如图 12-33 所示。对于需要分度的工件，一般可直接装夹在分度头上。另外，不需分度的工件有时用分度头装夹加工也很方便。

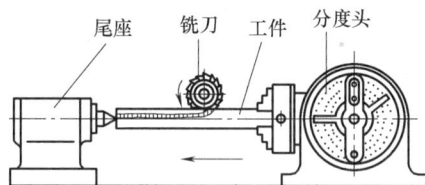

图 12-33　分度头装夹

12.9.4　V 型块装夹

用 V 型块定位装夹工件如图 12-34 所示，这种方法一般适用于轴类零件，除了具有较好的对中性以外，还可承受较大的切削力。

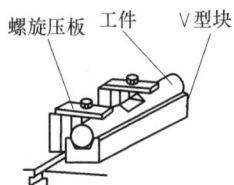

图 12-34　V 型块装夹

12.9.5　圆工作台装夹

用圆工作台安装工件如图 12-35 所示，当铣削一些弧形表面的工件时，可通过圆工作台安装。

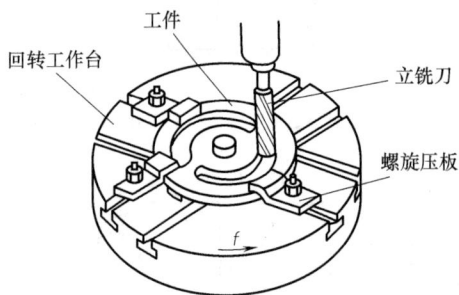

图 12-35　圆工作台装夹

12.9.6　中心钳装夹

用中心钳装夹工件时，两钳口在一正一反两段螺纹所组成的对中螺纹驱动下，能使工件自动对中，省去了工件的对中调整，可以大大提高工作效率，并保证工件的加工精度，多用于在对中精度要求较高的批量加工中。图 12-36 所示为中心钳装夹轴类工件，图 12-37 所示为中心钳装夹方形类工件。

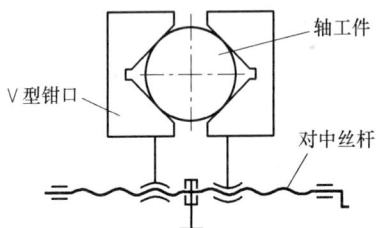

图 12-36　中心钳装夹轴类工件

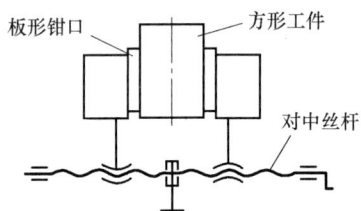

图 12-37　中心钳装夹方形类工件

12.9.7　专用夹具装夹

用专用夹具装夹工件时，专用夹具定位准确、夹紧方便，效率高，一般适用于成批、大量生产中，如图 12-38 所示。

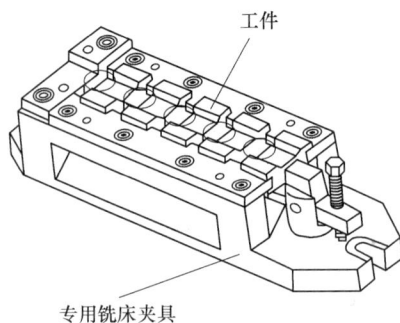

图 12-38　专用夹具装夹

12.9.8　其他方式装夹

除上述装夹方式外，实际生产中还可用其他一些方式来装夹工件，例如，可以使用两个 V 型块和百分表校正装夹长轴工件等，如图 12-39 所示；还有使用角铁和平行夹头(亦称 C 型夹头)来装夹工件，如图 12-40 所示。

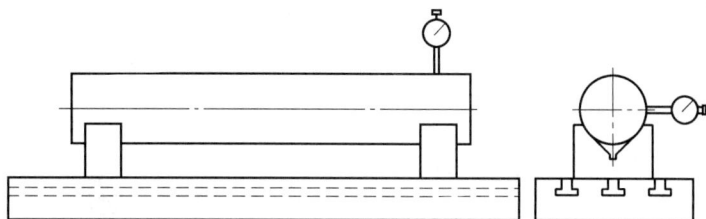

图 12-39　百分表校正 V 型块

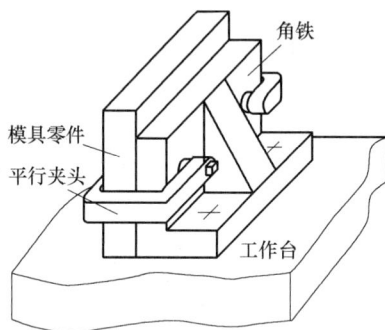

图 12-40　角铁和平行夹头装夹

12.10　铣削用量及选择

12.10.1　铣削用量

1. 铣削用量的定义

铣削时调整铣床用的切削参数，称为铣削用量，也称为铣削用量要素。

2. 铣削用量组成要素

铣削用量要素由切削速度、进给量、背吃刀量、侧吃刀量四要素组成，如图 12-41 所示。

1) 铣削速度 v_c

铣刀最大直径处切削刃的线速度，单位为 m/min。其值可用下式计算：

$$v_c = \frac{\pi d n}{1000}$$

式中：d——铣刀直径，mm；

　　　n——铣刀转速，r/min。

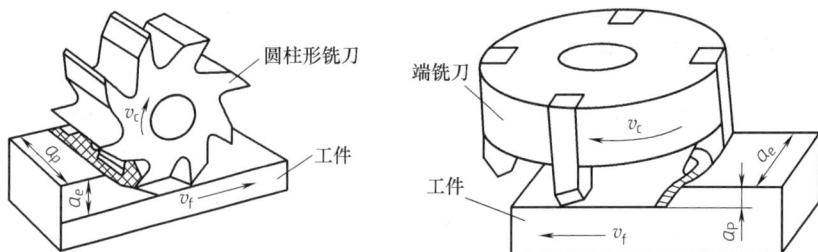

图 12-41 铣削用量

2) 进给量 f_z、f、v_f

刀具相对于工件进给的速度，它有三种表示方法。

(1) 每齿进给量 f_z：铣刀每转过一个刀齿时，工件与铣刀沿进给方向的相对位移量，单位是 mm/z。

(2) 每转进给量 f：铣刀每转一转时，工件与铣刀沿进给方向的相对位移量，单位是 mm/r。

(3) 每分钟进给量 v_f：每分钟时间内，工件与铣刀沿进给方向的相对位移量，单位是 mm/min。

f_z、f、v_f 三者之间的关系是：

$$v_f = f \cdot n = f_z \cdot z \cdot n$$

式中：z——铣刀刀齿数。

铣削加工规定三种进给量是由于生产的需要，其中每分钟进给量 v_f 用以机床调整及计算加工工时；每齿进给量 f_z 则用来计算切削力、验算刀齿强度；每转进给量 f 是铣床铭牌上标注的进给量。

3) 铣削深度 a_p

铣削深度，又称背吃刀量，是指平行于铣刀轴线测量的切削层尺寸，单位为 mm。它在周铣时指已加工表面宽度，在端铣时指切削层深度。

4) 铣削宽度 a_e

铣削宽度，又称侧吃刀量，是指垂直于铣刀轴线测量的切削层尺寸，单位为 mm。周铣时指切削层深度，端铣时指已加工表面宽度。

12.10.2　铣削用量选择

铣削用量应根据工件材料、加工精度、铣刀耐用度及机床刚度等因素进行选择。在铣削宽度 a_e 确定后，首先选定铣削深度(背吃刀量) a_p，其次是每齿进给量 f_z，最后再确定铣削速度 v_c。

1. 铣削宽度 a_e

立铣刀和端铣刀的铣削宽度 a_e 为铣刀的直径的 50%～60%。

2. 铣削深度 a_p

立铣刀粗铣时的铣削深度 a_p 以不超过铣刀半径为原则，最大不超过 7mm。精铣时为

0.05～0.3mm；端铣刀粗铣时为 2～5mm，精铣时为 0.1～0.50mm。

3. 每齿进给量 f_z

表 12-1 所示为每齿进给量 f_z 的推荐值，仅供参考。

表 12-1　每齿进给量 f_z 的推荐值

工件材料	每齿进给量 f_z(mm/z)			
	粗　铣		精　铣	
	高速钢刀具	硬质合金刀具	高速钢刀具	硬质合金刀具
钢	0.10～0.15	0.10～0.25	0.02～0.05	0.10～0.15
铸铁	0.12～0.20	0.15～0.30		

4. 铣削速度 v_c

表 12-2 为铣削速度 v_c 推荐值，供参考。

表 12-2　铣削速度 v_c 的推荐值

工件材料	铣削速度 v_c(m/min)		说　明
	高速钢铣刀	硬质合金铣刀	
20	20～40	150～190	1. 粗铣时取小值，精铣时取大值
45	20～35	120～150	
40Cr	15～25	60～90	2. 工件材料强度和硬度高取小值，反之取大值
HT150	14～22	70～100	
黄铜	30～60	120～200	3. 刀具材料耐热性差取小值，反之取大值
铝合金	112～300	400～600	
不锈钢	16～25	50～100	

项目 13　平面铣削

13.1　实习目的

通过本次实习，熟悉并掌握平面铣削方法，熟悉并掌握在立式铣床上用镶齿面铣刀铣削宽大平面的步骤，熟悉并掌握在卧式铣床上用圆柱铣刀铣削窄长平面的步骤。

13.2　实习任务

加工完成如图 13-1 所示的工件，以及左右两宽大平面，铣削工具图如图 13-2 所示，四侧窄长平面，铣削工序图如图 13-3 所示。

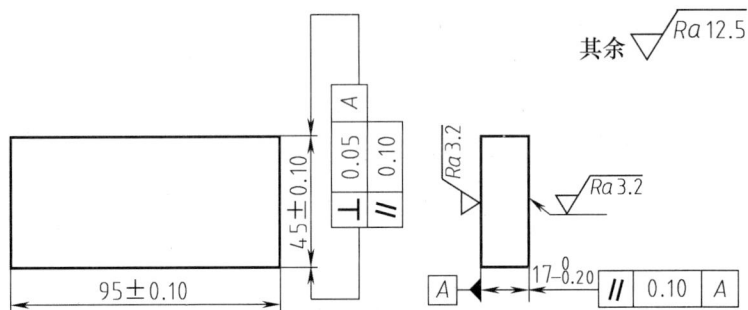

图 13-1　平面铣削零件图

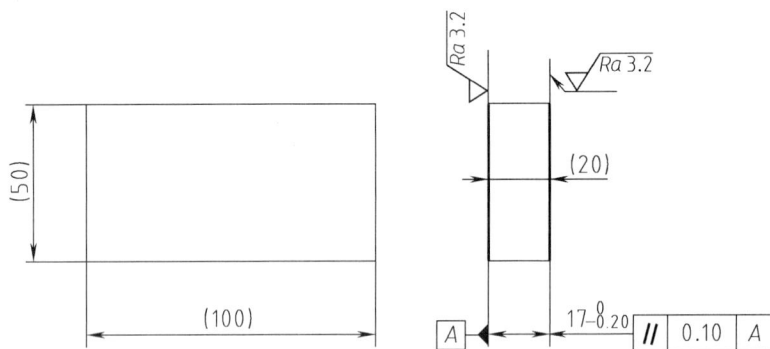

图 13-2　左右宽大平面铣削工序图

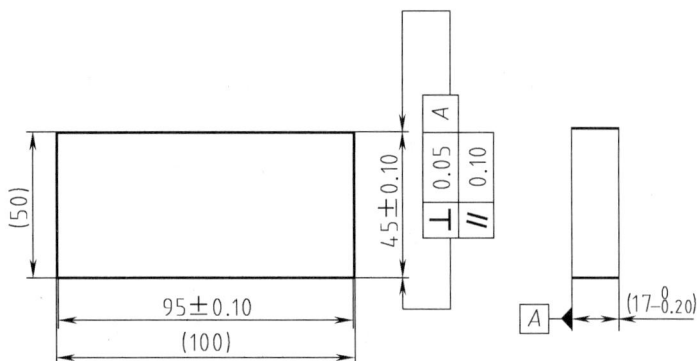

图 13-3　四侧窄长平面铣削工序图

13.3　实习器材准备

(1) 材料：Q235 板料 100×50×20。

(2) 工具：200 平口钳、等高垫铁、ϕ125 端铣刀、ϕ80×ϕ32×63 圆柱周铣刀、ϕ32 卧铣床刀杆、250 扳手、橡胶榔头、毛刷。

13.4　工件表面铣削加工操作要点

对工件上每一表面的加工，主要分为对刀、吃刀、走刀、退刀四个基本步骤，熟悉并掌握这些步骤可适用于众多的机械加工操作中。

1. 对刀

对刀一般有轴向对刀和径向对刀，有时也称端面对刀和柱面对刀。工件装夹好后，启动机床使铣刀旋转，然后移动工件，移动铣刀，使刀尖(或刀刃)与工件表面刚好接触，记下各刻度盘读数。注意：对刀时，刀尖距离在工件边缘 2mm 范围内，如图 13-4 所示。

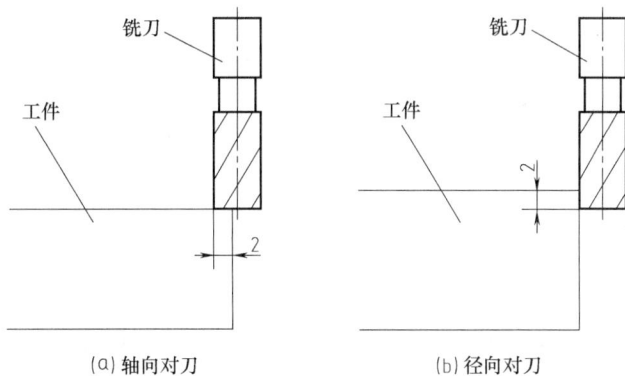

(a) 轴向对刀　　　　(b) 径向对刀

图 13-4　对刀

2．吃刀

吃刀，也称加刀，即刀具沿垂直于走刀方向切入工件的操作，它是形成背吃刀量 a_p 的操作。

3．走刀

走刀，也称切削。在吃刀完成后，扳转进给手柄，使工件纵向或横向移动，从而加工出工件表面的操作。

4．退刀

退刀是完成工件表面切削之后，刀具退离工件表面的操作。

13.5　加工方法和步骤

13.5.1　铣削左右宽大平面

1．加工方法

铣削左右宽大平面的方法是用镶齿端铣刀在立式铣床上进行。

2．加工步骤

(1) 将 Q235 板料 100×50×20 水平装夹在平口钳上。注意待加工表面露出钳口至少 5mm，长边在纵向方向上。

(2) 调整机床主轴转速 400r/min，纵向进给量 100mm/min。

(3) 启动机床，旋转主轴手轮对刀，并记下刻度数。

(4) 加刀 1mm 并轴向锁紧主轴。

(5) 缓慢均匀连续手动移动纵向拖板以粗铣水平面。

(6) 刀具横向移开并纵向退回，再加刀 0.5mm。

(7) 机动移动纵向拖板，使水平面精铣至尺寸。

(8) 刀具横向移开并纵向退回，停机，拆下工件翻面装夹于机用虎钳上。

(9) 重复上述加工步骤以加工另一水平面，至尺寸 17mm 时退刀停车。

13.5.2　铣削四侧窄长平面

1．加工方法

铣削四侧窄长平面的方法是用圆柱周铣刀在卧式铣床上进行。

2．加工步骤

(1) 将 Q235 板料 100×50×17 以已精加工表面为基准竖直装夹在机用虎钳上。注意待加工表面露出钳口至少 5mm，长边在纵向方向上。

(2) 调整机床主轴转速 400r/min，纵向进给速度约为 60mm/min。

(3) 启动机床，旋转升降台手柄对刀，并记下升降台刻度数。

(4) 加刀约 1.5mm 并轴向锁紧升降台。

(5) 缓慢均匀连续手动移动纵向拖板以粗铣该窄长平面。

(6) 刀具横向移开并纵向退回，再加刀约 0.5mm。

(7) 机动纵向拖板，使窄长平面精铣至尺寸。

(8) 刀具横向移开并纵向退回，停机，拆下工件翻面装夹于机用虎钳上。

(9) 重复上述加工步骤以加工另一面窄长平面至尺寸 45mm。

(10) 重复上述加工步骤以加工另一对窄长平面至尺寸 95mm。

13.6　注 意 事 项

为保证加工平面质量，应注意以下操作。

1．表面粗糙度

用较小的进给速度和较高的铣刀转速可以降低表面粗糙度，从而保证工件的表面质量。

2．平面度

平面度主要取决于铣床主轴轴线与进给方向的垂直度误差。所以，在用面铣方法加工平面时，应进行铣床主轴轴线与进给方向垂直度的校正。

项目 14　斜平面铣削

14.1　实　习　目　的

通过本次实习，熟悉并掌握斜平面铣削方法，熟悉并掌握在卧式铣床上用圆柱周铣刀铣削斜平面的步骤。

14.2　实　习　任　务

加工完成如图 14-1 所示的工件，两端斜表面的铣削工序图如图 14-2 所示。

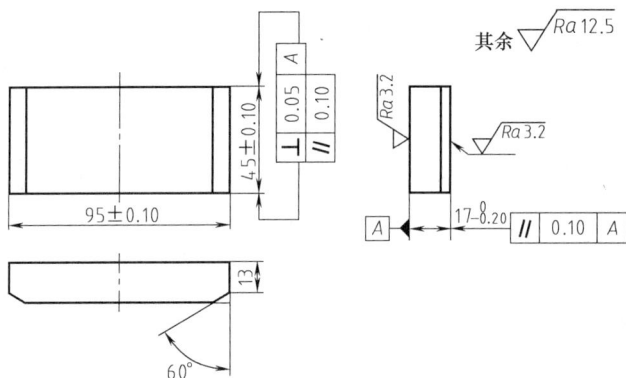

图 14-1　斜面铣削零件图

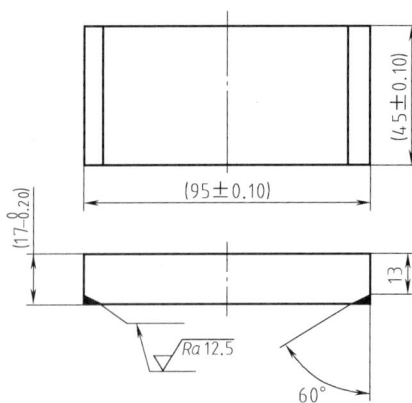

图 14-2　斜面铣削工序图

14.3　实习器材准备

(1) 材料：转项目 3 后工件 Q235 板料 95×45×17。

(2) 工具：160 万向平口钳、等高垫铁、ϕ50 圆柱周铣刀、ϕ22 卧式铣床刀杆、250 扳手、橡胶榔头、毛刷。

14.4　斜平面铣削方法和步骤

14.4.1　斜平面铣削方法

使用 ϕ50 圆柱铣刀和万向平口钳在卧式铣床上铣削加工。

14.4.2　斜平面铣削步骤

斜平面铣削的步骤如下。

(1) 将万向平口钳装在铣床工作台上，钳口横向，并调整好倾斜角度 30°。

(2) 将 ϕ22 卧式铣床刀杆装入铣床主轴中，并用拉杆拉紧锁好。将 ϕ50 圆柱周铣刀柄装入刀杆，用扳手拧紧螺母，然后装上悬架。

(3) 将工件装入万向平口钳中。

(4) 调整铣床主轴转速为 400r/min。

(5) 启动机床，对刀，然后吃刀 2.5mm。

(6) 纵向手动工作台，粗铣斜平面。

(7) 再吃刀 1.0mm 后纵向手动工作台，精铣斜平面至尺寸。

(8) 工件掉头，重复上述铣削步骤，以铣削另一斜平面至尺寸。

(9) 停车，拆下工件。

14.5　注　意　事　项

注意事项如下。

(1) 安装万向平口钳时，要注意钳口的方向要在横向方向，并用百分表校正。

(2) 钳身的水平要校正。

(3) 进给时要注意刀柄不要和万向平口钳发生碰撞。

项目 15 封闭平键槽铣削

15.1 实 习 目 的

通过本次实习，熟悉掌握键槽的基本知识，熟悉掌握封闭平键槽的加工方法和步骤。

15.2 实 习 任 务

加工完成如图 15-1 所示工件，左端键槽，铣削工序图如图 15-2 所示。

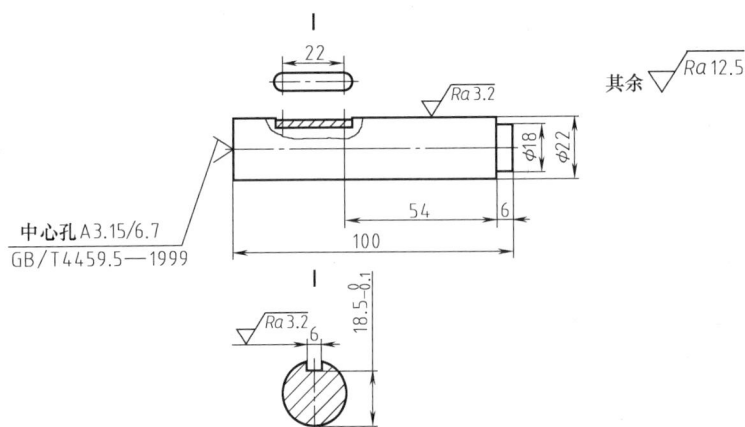

图 15-1 平键槽铣削零件图

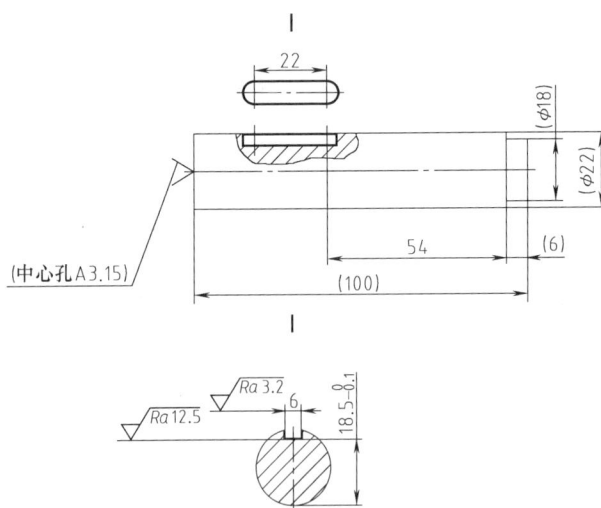

图 15-2 平键槽铣削工序图

15.3 实习器材准备

(1) 材料：$\phi 22 \times 100$ 阶梯轴。

(2) 器具：F11160A 万能分度头、配套尾座、键槽铣刀刀柄、$\phi 6$ 键槽铣刀、$\phi 6$ 弹簧套、三爪卡盘扳手、勾头扳手、扳手、150 游标卡尺、毛刷。

15.4 键 槽 铣 削

15.4.1 铣刀位置的调整

为保证轴上键槽的对称度，必须调整铣刀的位置，使键槽铣刀的轴线或盘形槽铣刀的对称平面通过工件的轴线。常用的调整方法如下。

1. 按切痕调整工件对中心

先将工件大致调整移动到铣刀中心位置上，接着在轴件表面铣削出一个较小的切痕。如果使用盘形槽铣刀铣出的切痕是椭圆形切痕，使用键槽铣刀或立铣刀铣出的切痕是个边长等于铣刀直径的方形小平面，则说明铣刀已对中，如图 15-3 所示。这种方法对中精度虽然不高，但使用简便，是最为常用的一种方法。

(1) 盘形槽铣刀切痕调整法，如图 15-3(a)所示。

(2) 键槽铣刀切痕调整法，如图 15-3(b)所示。

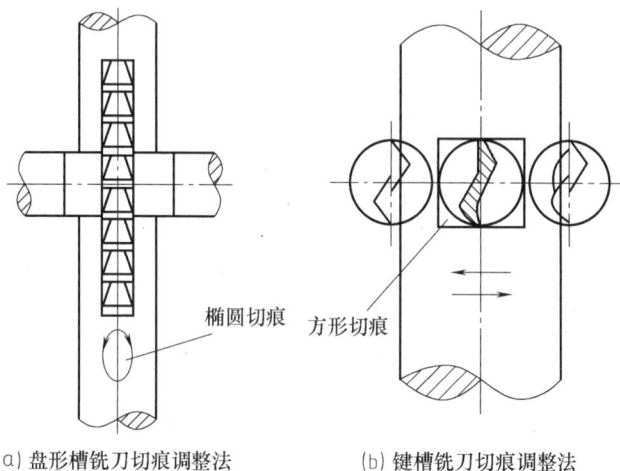

椭圆切痕   方形切痕

(a) 盘形槽铣刀切痕调整法   (b) 键槽铣刀切痕调整法

图 15-3 按切痕调整工件对中心

2. 擦侧面调整工件对中心

擦侧面调整工件对中心如图 15-4 所示，这种方法对中精度较高，适用于直径较大的盘形槽铣刀或键槽铣刀较长的场合。

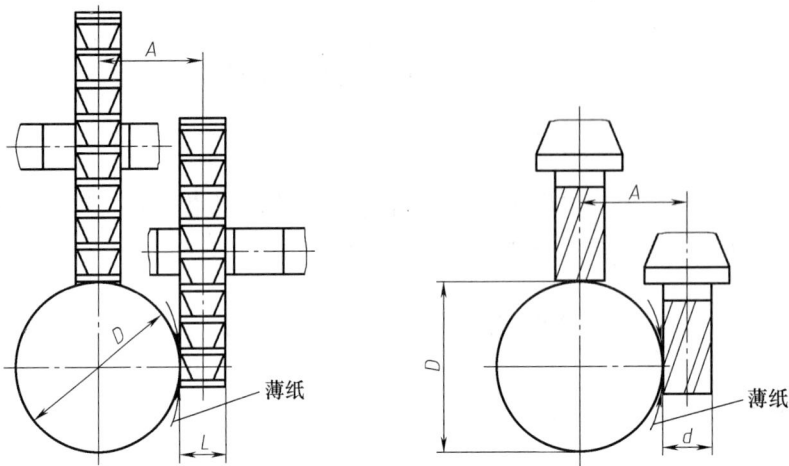

图 15-4　擦侧面调整工件对中心

调整时，先在工件侧面贴一厚度为 δ 的薄纸。启动机床，使回转的铣刀逐渐靠向工件，当铣刀的刀刃擦到薄纸后，降下工作台使铣刀退离工件，再将工作台横向移动一个距离 A。A 值计算公式如下。

(1) 用盘形槽铣刀时：$A = \dfrac{D+L}{2} + \delta$。

(2) 用键槽铣刀时：$A = \dfrac{D+d}{2} + \delta$。

3．用杠杆百分表调整铣刀位置对中心

用杠杆百分表调整铣刀位置对中心，如图 15-5 所示。这种方法对中精度高，适合在立式铣床上采用。调整时，将杠杆百分表固定在立铣头主轴端面上，用手缓慢转动主轴，观察百分表在 V 型架两侧、钳口两侧的读数，横向移动工作台使两侧读数相同。

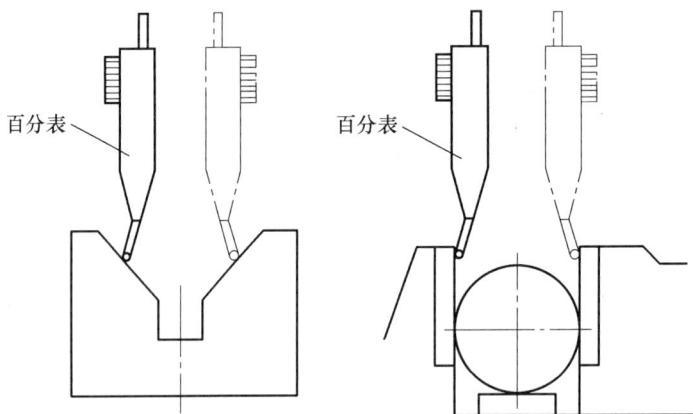

图 15-5　杠杆百分表调整铣刀位置对中心

4．用专用夹具对中心

在批量生产中，往往使用专用的轴键槽铣削专用夹具保证工件的对中。它的特点是对中精度高，装夹效率高，技术要求低；其缺点是专用夹具制造麻烦，周期较长，前期成本高。

15.4.2　铣削键槽的方法

1．铣削通键槽

铣削通键槽或一端为圆弧形的半通键槽时，一般都采用 V 型块、中心钳或平口钳等装夹，采用盘形槽铣刀来铣削加工。对于长轴类零件，为避免因工件伸出钳口太多而产生振动和弯曲，可在伸出端用千斤顶支撑。若采用一夹一顶装夹下件铣削通键槽时，中间需用千斤顶支撑。

2．铣削封闭键槽

轴上封闭键槽铣削的方法是采用键槽铣刀铣削，主要有以下两种。

1) 分层铣削法

分层铣削法是用符合键槽宽度尺寸的铣刀分层铣削键槽，如图 15-6 所示。

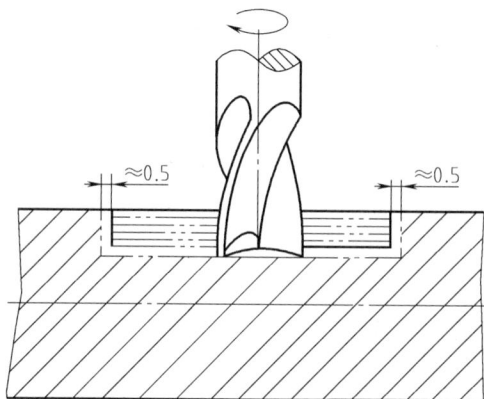

图 15-6　分层铣削法

2) 扩刀铣削法

扩刀铣削法是先用直径较小的键槽铣刀进行分层往复粗铣，再用符合轴槽宽度尺寸的键槽铣刀精铣至尺寸。粗铣时键槽铣刀直径比槽宽尺寸小 0.5mm 左右，深度留余量 0.1～0.3mm，键槽两端各留余量 0.2～0.5 mm，如图 15-7 所示。

精铣时，由于铣刀的两个刀刃的径向力能相互平衡，所以铣刀偏让量较小，键槽的对称度好。但应当注意消除横向进给丝杠和螺母配合间隙的影响，以免键槽中心位置偏移。

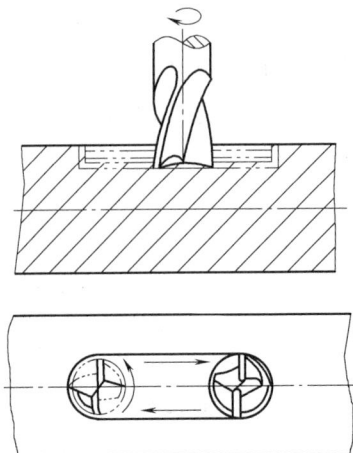

图 15-7 扩刀铣削法

15.5 键槽铣削方法和步骤

15.5.1 键槽铣削方法

工件采用分度头装夹，使用 ϕ6 键槽铣刀分层在立式铣床上铣削键槽。

15.5.2 键槽铣削步骤

键槽铣削的步骤如下。

(1) 将 F11160A 万能分度头和配套尾座安装在工作台上。

(2) 将工件右端装夹在分度头的三爪卡盘上，左端用尾座上顶尖顶紧，如图 15-8 所示。

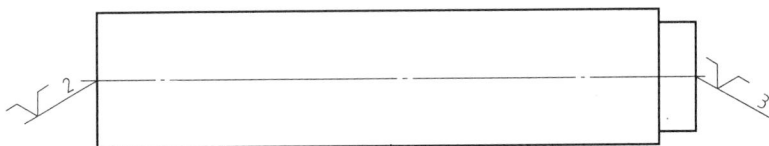

图 15-8 工件一夹一顶装夹

(3) 调整机床主轴转速为 600r/min，进给速度为 0.02～0.05mm/齿。

(4) 启动机床，垂向方向对刀，并使用擦工件侧面方法调整键槽铣刀对中。

(5) 移动工作台，将铣刀调整到键槽起始点后，旋转主轴升降手轮，将铣刀缓慢连续均匀地切入工件 2mm 后垂向锁紧主轴。

(6) 缓慢连续均匀进给纵向工作台，至键槽长度为 32mm 后停止进给。

(7) 松开主轴锁紧手柄，再次旋转主轴升降手轮，使铣刀再切入工件 1.5mm 后垂向锁紧主轴。

(8) 反方向缓慢连续均匀进给纵向工作台，至键槽长度为 32mm 后停止进给。

(9) 松开主轴锁紧手柄，反向旋转主轴升降手轮，使铣刀上升退回。

(10) 停车，拆下工件。

15.6　注 意 事 项

(1) 铣削时，吃刀深度和进给量均不能过大，以免产生"让刀"现象，并产生对称度超差。

(2) 铣刀对中时要精心操作，以免对中不准而造成对称度超差。

项目 16 圆弧槽铣削

16.1 实习目的

通过本次实习，熟悉并掌握回转工作台的安装、校正和应用，熟悉并掌握圆弧槽的加工方法和步骤。

16.2 实习任务

加工完成如图 16-1 所示工件，两圆弧槽的铣削工序图如图 16-2 所示。

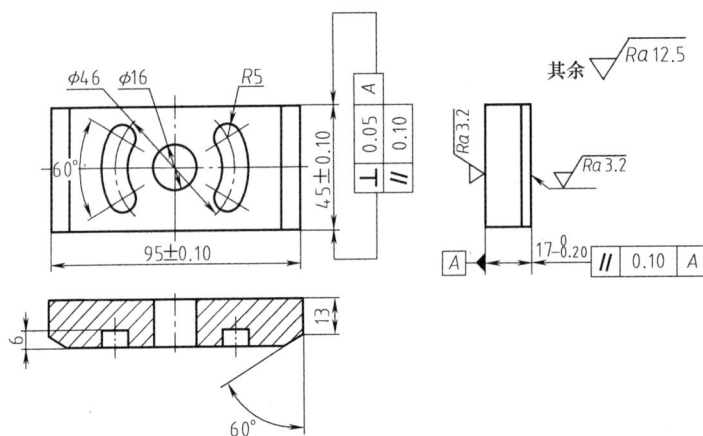

图 16-1 圆弧槽铣削零件图

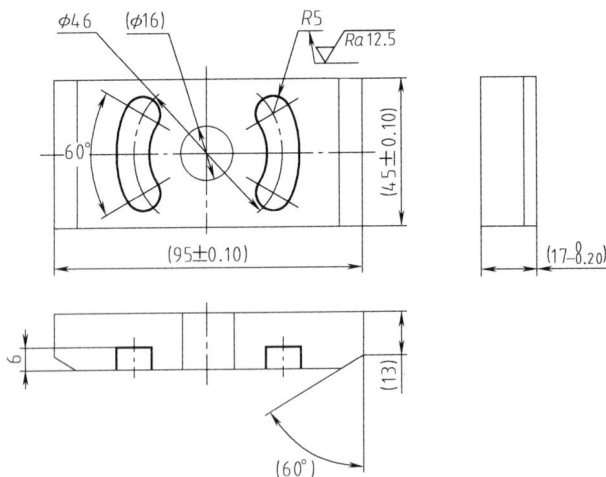

图 16-2 圆弧槽铣削工序图

16.3　实习器材准备

(1) 坯料：转项目四斜平面铣削加工零件。

(2) 工具：TS200 回转工作台、配套芯轴、键槽铣刀刀柄、$\phi 10$ 弹簧套、$\phi 10$ 键槽铣刀、M10T 型螺栓、M10 螺旋压板、扳手、150 游标卡尺、毛刷。

16.4　圆转台中心校正

主轴与圆转台中心同轴的校正方法如下。

1．顶针校正法

顶针校正法如图 16-3(a)所示。在圆转台的主轴孔内插入带有中心孔的校正芯棒，在铣床主轴中装入顶针。纵、横向移动工作台，使顶针尖对准转台校正芯棒的中心孔，并利用两者内外锥度配合的作用，使转台与主轴同轴，然后再紧固圆转台。这种方法操作简便，校正迅速，适用于一般精度的工件加工。

2．百分表校正法

百分表校正法如图 16-3(b)所示。把百分表固定在立式铣床主轴上，使表的测头与圆转台中心部的圆柱孔表面保留一定的间隙，用手转动铣床主轴，根据百分表测头与圆柱面孔间隙的大小调整工作台，待间隙基本均匀后，再使表的测头接触圆柱孔表面，然后根据百分表读数差值调整工作台，直至达到允许误差范围之内。这种方法操作虽然复杂，但校正精度高，适用于精度较高工件的加工。

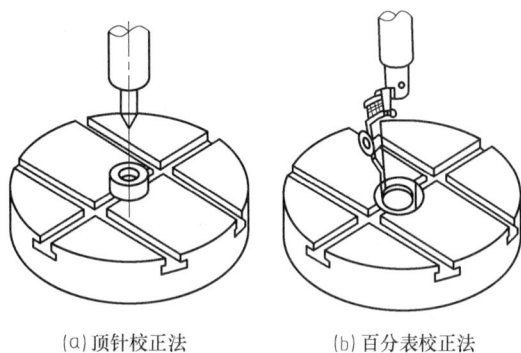

(a) 顶针校正法　　　　(b) 百分表校正法

图 16-3　立式铣床立铣头主轴与圆转台中心同轴校正

16.5　圆弧槽铣削加工的方法和步骤

16.5.1　圆弧槽铣削加工的方法

使用 $\phi 10$ 键槽铣刀在圆工作台上用立式铣床铣削加工。

16.5.2 圆弧槽铣削加工的步骤

圆弧槽铣削加工的步骤如下。

(1) 在圆工作台的主轴孔内插入带有中心孔的校正芯棒。

(2) 将圆工作台安装到铣床纵向工作台上但暂不紧固。

(3) 采用顶针校正法使圆工作台转台轴线与铣床主轴轴线同轴。

(4) 取下校正芯棒，另插入芯轴。

(5) 取下铣床主轴上的顶尖，另装入键槽铣刀柄并用拉杆拉紧，然后在刀柄中装入 $\phi 10$ 弹簧套，最后装入 $\phi 10$ 键槽铣刀后锁紧铣刀。

(6) 将坯料以 $\phi 16$ 孔为基准装入圆转台中，并用 T 型螺栓和压板压紧工件。

(7) 将纵向工作台向右移 23mm。

(8) 摇转圆工作台旋转手轮，使圆工作台转台带动工件旋转 30°。

(9) 调整机床主轴转速为 400r/min。

(10) 启动机床，旋转铣床主轴进给手轮，垂向对刀后再吃刀 3mm。

(11) 缓慢均匀连续转动圆台手轮，使圆工作台转动 60° 后停止转动。

(12) 再次旋转铣床主轴进给手轮，再吃刀 3mm。

(13) 再次缓慢均匀连续反向转动圆台手轮，使圆工作台反转 60° 后停止。

(14) 垂向退出铣刀，将工件另一待加工圆弧槽转到加工位置，重复上述铣削步骤，直至工件至尺寸。

(15) 停车，拆下工件。

16.6 注意事项

(1) 安装圆工作台时注意将回转刻度盘零线放置在前面位置，并将转台转回零位。

(2) 安装工件时要注意长度方向与工作台运动方向平行。

项目 17 七方头铣削

17.1 实 习 目 的

通过本次实习，熟悉并掌握万能分度头的使用方法，熟悉并掌握正多边形表面的铣削加工。

17.2 实 习 任 务

加工完成如图 17-1 所示的工件，左端七方头的铣削工序图如图 17-2 所示。

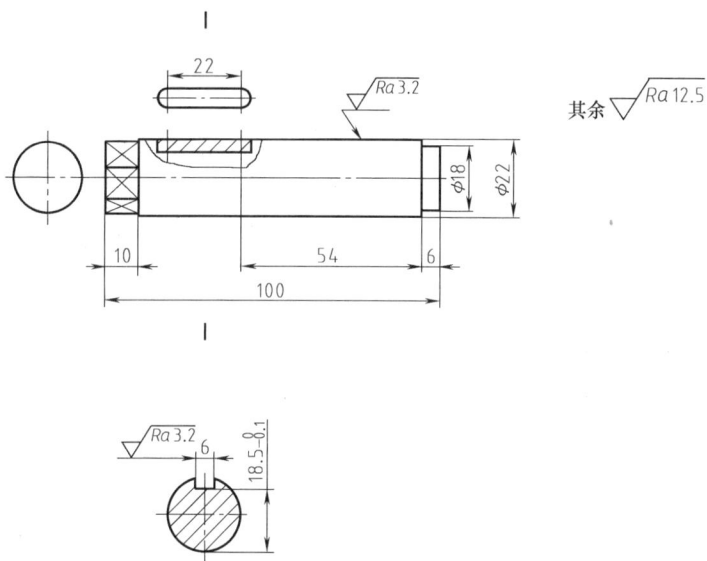

图 17-1 七方头铣削零件图

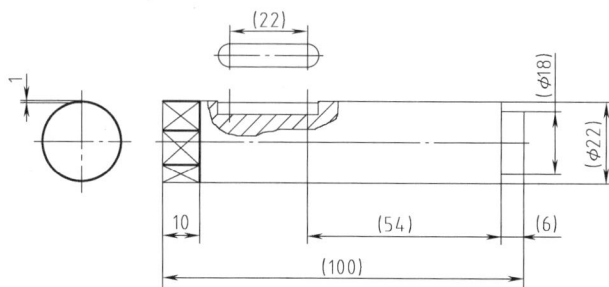

图 17-2 七方头铣削工序图

17.3 实习器材准备

(1) 材料：转项目 15 键槽加工工件。

(2) 工具：F11160A 万能分度头、配套尾座、立铣刀刀柄、$\phi16$ 弹簧套、$\phi16$ 立铣刀、三爪卡盘扳手、勾头扳手、扳手、150 游标卡尺、毛刷。

17.4 七方头铣削加工方法和步骤

17.4.1 七方头铣削加工方法

使用 $\phi16$ 立铣刀在万能分度头上用立式铣床铣削加工。

17.4.2 七方头铣削加工步骤

(1) 将 F11160A 万能分度头和尾座顶尖安装在铣床工作台上，换上第一块分度盘，并将分度对定手柄放置在 49 孔圈上。

(2) 将工件采用一夹一顶的方式装夹在万能分度头三爪卡盘(右)和尾座顶尖(左)之间，锁紧万能分度头主轴和尾座顶尖，如图 17-3 所示。

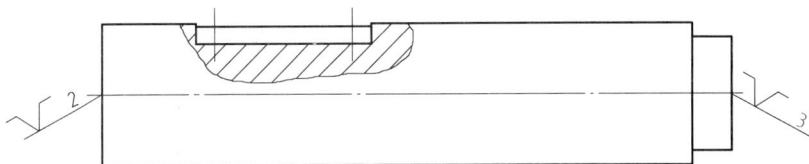

图 17-3 工件的一夹一顶装夹

(3) 调整机床主轴转速为 400r/min。

(4) 启动机床，立铣刀对刀并记下刻度，然后再吃刀 1mm。

(5) 缓慢均匀连续横向移动床鞍，铣削第一面至尺寸后横向退开铣刀。

(6) 松开万能分度头主轴锁紧手柄，拔出分度对定销，旋转分度手柄 5 转又 35 个孔，然后放下分度对定销，定好分度叉，再锁紧万能分度头主轴。

(7) 再次缓慢均匀连续横向移动床鞍，铣削第二面至尺寸后再横向退开铣刀。

(8) 再次分度后铣削第三面至尺寸。

(9) 重复分度、铣削直至七面全部铣完后铣刀横向退出。

(10) 停车，拆下工件。

17.5　注 意 事 项

(1) 分度头所用分度盘要经过计算选定，并安装在分度头上。

(2) 各手柄应放置在正确位置。

(3) 注意分度叉的应用。

第4篇 磨削加工

项目 18 磨床的结构与操作

18.1 实习目的

通过本次实习，熟悉并掌握磨削加工的基本知识，磨床原理、主要结构和各操控手柄的作用及操控技能。熟悉并掌握磨削过程中一些常用附件及工具的应用，熟悉并掌握常用砂轮安装以及工件装夹，熟悉并掌握磨削用量的调整。

18.2 实习任务

(1) 熟悉磨床的类别与型号。
(2) 了解磨削加工的工艺范围。
(3) 熟悉磨床各部分的结构及功能。
(4) 掌握磨床的安全操作规程。
(5) 掌握各种磨削加工方法。

18.3 实习器材准备

游标卡尺、25～50 千分尺、50～75 千分尺、百分表、百分表架、平衡芯轴、砂轮修正器、中心架、固定扳手、卡盘扳手、固定顶尖、工件、毛刷、棉纱。

18.4 实习内容与操作要点

18.4.1 磨床的类别与型号

1. 类别

磨床类机床分为三类，即 M 类、2M 类、3M 类。汉语拼音字母 M 为磨床类别代号。

2. 组别

上述三类磨床又各分十个组，也就是将结构性能和使用范围基本相同的磨床划归同一个组。

3．系别

上述每个组内的磨床再分十个系。同系的磨床，其运动特点、基本结构、布局形式、主参数皆相同。各系列主参数按一定公比排列。

4．型号

磨床有外圆磨床、内圆磨床、平面磨床、齿轮磨床、导轨磨床、无心磨床、工具磨床等，常用的是外圆磨床和平面磨床。其型号按 GB/T 15375—1994 规定。例如，M1432A 表示内容如下。

M——磨床类。

1——外圆磨床组。

4——万能外圆磨床型。

32——最大磨削直径 320mm。

A——性能结构上做过第一次重大改进。

18.4.2　磨床的工艺范围

磨削主要用于零件的内(外)圆柱面、内(外)圆锥面、平面、成型面、螺纹及齿轮等的精加工，常见的几种磨削加工类型如图 18-1 所示。

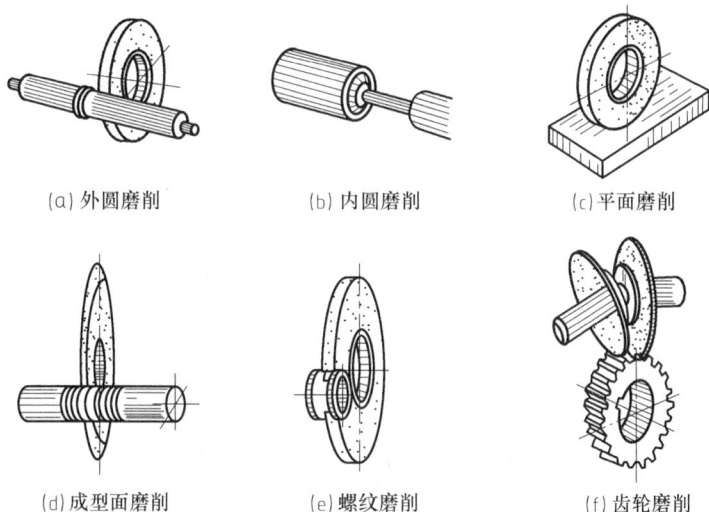

(a) 外圆磨削　　　　　(b) 内圆磨削　　　　　(c) 平面磨削

(d) 成型面磨削　　　　(e) 螺纹磨削　　　　　(f) 齿轮磨削

图 18-1　常见的几种磨削加工类型

18.4.3　磨床的组成及结构

1．外圆磨床的组成及结构

外圆磨床分为普通外圆磨床和万能外圆磨床。两者的主要区别是：万能外圆磨床的头架、砂轮架和工作台下面都有转盘，能绕垂直轴线偏转一定角度，并增加了内圆磨头等附件，可用于磨外圆、端面及外圆锥面，还可以磨内圆柱面、内台阶面及锥度较大的内锥面。现以 M1432A 型万能外圆磨床为例进行介绍，如图 18-2 所示。

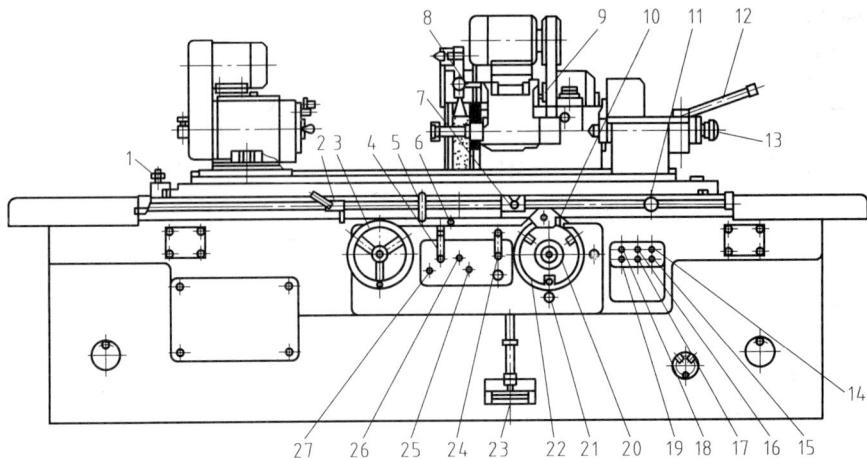

图 18-2 M1432A 型万能外圆磨床操作系统

1—放气阀；2—工作台换向挡块(左)；3—工作台纵向进给手轮；4—上工作台液压传动开停手柄；
5—工作台换向杠杆；6—头架点转按钮；7—工作台换向挡块(右)；8—冷却液开关手柄；
9—内圆磨具支架非工作位置定位手柄；10—砂轮架横向进给定位块；11—调整工作台角度用螺杆；
12—移动尾架套筒用手柄；13—工件顶紧压力调节手柄；14—砂轮电动机停止按钮；
15—冷却泵电动机开停选择旋钮；16—砂轮电动机启动按钮；17—头架电动机旋钮；
18—电器总停按钮；19—油泵启动按钮；20—砂轮磨损补偿旋钮；21—粗细进给选择拉杆
22—砂轮架横向进给手轮；23—脚踏板；24—砂轮架快速进退手柄；
25—工作台换向停留时间调节旋钮(右)；26—工作台速度调节旋钮；
27—工作台换向停留时间调节旋钮(左)

1) M1432A 型万能外圆磨床的组成和作用

(1) 床身。床身用以支承磨床其他部件。床身上面有纵向导轨和横向导轨，分别为磨床工作台和砂轮架的移动导向。

(2) 头架。头架主轴可与卡盘连接或安装顶尖，用以装夹工件。头架主轴由头架上的电动机经带传动、头架内的变速机构带动回转，实现工件的圆周进给，共有 25～224 r/min 的六级转速。头架可绕垂直轴线逆时针回转 0°～90°。

(3) 砂轮架。砂轮架用以支承砂轮主轴，可沿床身横向导轨移动，实现砂轮的径向(横向)进给。砂轮的径向进给量可以通过手轮 22 手动调节。安装于主轴的砂轮由一独立电动机通过带传动使其回转，转速为 1670 r/min。砂轮架可绕垂直轴线回转-30°～+30°。

(4) 工作台。工作台由上、下两层组成，上层可绕下层中心轴线在水平面内顺(逆)时针回转 3°(6°)，以便磨削小锥角的长锥体工件。工作台上层用以安装头架和尾座，工作台下层连同上层一起沿床身纵向导轨移动，实现工件的纵向进给。纵向进给可通过手轮 3 手动调节。工作台的纵向运动由床身内的液压传动装置驱动。

(5) 尾座。套筒内安装尾顶尖，用以支承工件另一端。后端装有弹簧，利用可调节的弹簧力顶紧工件，也可在长工件受磨削热影响而伸长或弯曲变形的情况下便于工件装卸。装卸工件时，可采用手动或液动方式使尾座套筒缩回。

(6) 内圆磨头。其上装有内圆磨具，用来磨削内圆。它由专门的电动机经平带带动其主轴高速回转(10 000r/min 以上)，实现内圆磨削的主运动。不用时，将内圆磨头翻转到砂轮架上方，磨内圆时翻下。

2) 机床的运动

(1) 主运动(n_0)。磨外圆时为砂轮的回转运动；磨内圆时为内圆磨具的砂轮的回转运动。

(2) 进给运动。

① 工件的圆周进给运动(n_w)，即头架主轴的回转运动。

② 工作台的纵向进给运动(f_a)，采用液压传动，以保证运动的平稳性及实现无级调速和自动往复运动，也可手动调整工作台位置。

③ 砂轮架的横向(径向)进给运动，每当工作台一个纵向往复运动终了，由机械传动机构使砂轮架横向移动一个位移量(控制磨削深度)，为步进运动。

3) 万能外圆磨床的操作

(1) 停车练习。

① 手动工作台纵向往复运动，顺时针转动工作台纵向进给手轮 3，工作台向右移动，反之工作台向左移动。

② 手动砂轮架横向进给移动，顺时针转动砂轮架横向进给手轮 22，砂轮架带动砂轮移向工件，反之砂轮架向后退回远离工件。当粗细进给选择拉杆 21 推进时为粗进给，手轮 22 每转过 1 周，砂轮架移动 2 mm；当拉杆 21 拔出时为细进给，手轮 22 每转过 1 周，砂轮架移动 0.5mm，同时为了补砂轮的磨损，可将砂轮磨损补偿旋钮 20 拔出，并顺时针转动，此时手轮 22 不动；然后将砂轮磨损补偿旋钮 20 推入，再转动手轮 22，使其行程挡块碰到砂轮架横向进给定位块 10 为止，即可得到一定量的行程进给(横向进给补偿量)。

(2) 开车练习。

① 砂轮的转动和停止。

按下砂轮电动机启动按钮 16，砂轮旋转，按下砂轮电动机停止按钮 14，砂轮停止转动。

② 头架主轴的转动和停止。

使头架电动机旋钮 17 处于慢转位置时，头架主轴慢转；使其处于快转位置时，头架主轴快转；使其处于停止位置时，头架主轴停止转动。

③ 工作台的往复运动。

按下油泵启动按钮 19，油泵启动并向液压系统供油。扳转工作台液压传动开停手柄 4 使其处于开位置时，工作台纵向移动。当工作台向右移动终了时，工作台换向挡块(左)2 碰撞工作台换向杠杆 5，使工作台换向向左移动。当工作台向左移动终了时，工作台换向挡块(右)7 碰撞工作台换向杠杆 5，使工作台又换向向右移动。这样循环往复，就实现了工作台的往复运动。调整 2 与 7 的位置，可调整工作台的行程长度；转动工作台速度调节旋钮 26，可改变工作台的运行速度；转动工作台换向停留时间调节旋钮 25 或 27，可改变工作台行至右端或左端时的停留时间。

④ 砂轮架的横向快退或快进。

转动砂轮架快速进退手柄 24，可压紧行程开关使油泵启动，同时改变了换向阀阀芯的位置，使砂轮架能横向快速移近工件或快速退离工件。

⑤ 尾座顶尖的运动。

脚踩脚踏板 23 时，接通液压传动系统，使尾座顶尖缩进；松开脚踏板 23 时，断开液压传动系统，使尾座顶尖伸出。

(3) 万能磨削外圆磨床的操作顺序及要点。

将工件支承于外圆磨床的头架和尾座之间，头架上的拨盘带动夹头及工件旋转，再转动砂轮对工件进行磨削加工。当工作台一个纵向往复运动终了，由机械传动机构使砂轮架横向移动一个位移量(控制磨削深度)，做周期的横向进给运动。其操作顺序及要点如下。

① 开动外圆磨床的操作顺序如下。

a. 接通机床电源。

b. 检查工件装夹是否可靠。

c. 启动液压泵。

d. 启动工作台往复运动。

e. 启动砂轮。

f. 引进砂轮，同时启动工件旋转和切削液压泵。

停车按上述相反的顺序进行。

② 操作要点如下。

a. 启动砂轮要点动，然后逐步进入高速旋转。

b. 对接触点要细心，砂轮要慢慢靠近工件。

c. 精磨前一般要修整砂轮。

d. 磨削过程中，工件的温度会有所升高，测量时应考虑热膨胀对工件尺寸的影响。

2. 平面磨床的组成及结构

平面磨床按其砂轮轴线的位置和工作台的结构特点，分为卧轴矩台平面磨床、立轴矩台平面磨床、卧轴圆台平面磨床、立轴圆台平面磨床等几种类型，如图 18-3 所示。

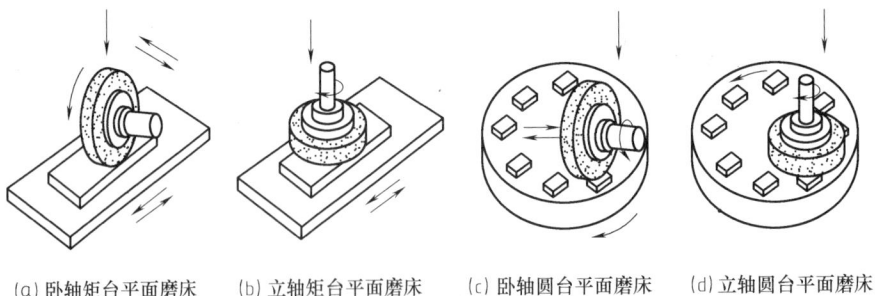

(a) 卧轴矩台平面磨床　　(b) 立轴矩台平面磨床　　(c) 卧轴圆台平面磨床　　(d) 立轴圆台平面磨床

图 18-3　平面磨床的几种类型及其磨削运动

现以 M7130A 型平面磨床为例进行介绍，如图 18-4 所示。

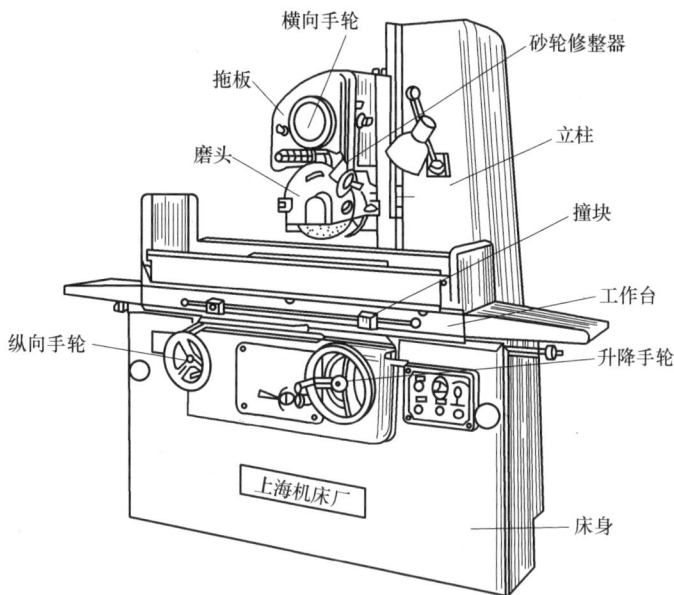

图 18-4　M7130A 型平面磨床

1) M7130A 型平面磨床的组成和作用

(1) 床身。床身用以支承磨床其他部件。床身上面有纵向导轨作为磨床工作台的纵向移动导向。

(2) 立柱。立柱上有垂直导轨，砂轮滑座可沿垂直导轨上下移动，以调整砂轮的高低位置及做垂直进给运动。

(3) 砂轮滑座。砂轮滑座上有横向导轨，砂轮架可沿横向导轨做横向进给运动，横向进给运动可以由液压驱动，也可以由横向手轮操纵。

(4) 砂轮架上安装电机，由电机直接驱动砂轮回转做主运动。

(5) 工作台。工作台安装在床身水平导轨上，其上有安装工件的电磁吸盘。工作台沿床身导轨的纵向运动可由床身内液压传动装置驱动，也可由手轮操纵。

2) 机床的运动

(1) 主运动(n_0)。砂轮的回转运动为主运动。

(2) 进给运动。

① 工作台的纵向进给运动：即采用液压传动，以保证运动的平稳性及实现无级调速和自动往复运动，也可手动调整工作台。

② 砂轮架的横向进给运动：每当工作台一个纵向往复运动终了，由液压传动装置驱动砂轮架横向移动一个位移量。

③ 砂轮架的垂直进给运动：平面磨削开始或在去除掉一层材料后，砂轮架沿立柱垂直导轨在垂直方向移动一定位移(控制磨削深度)，一般粗磨时，垂直进给量为 0.015～0.05mm，精磨时为 0.005～0.01mm。

3) 平面磨床的操作

启动平面磨床，一般按如下顺序进行。

(1) 接通机床电源。

(2) 启动电磁吸盘吸牢工件。

(3) 启动液压泵。

(4) 启动工作台往复运动。

(5) 启动砂轮旋转。

(6) 启动切削液压泵。

停车一般先停工作台，后总停。

3. 无心外圆磨床的组成及结构

无心外圆磨床是一种生产率很高的精加工方法。无心外圆磨床进行磨削时，工件不是支承在顶尖上或夹持在卡盘中，而是直接置于砂轮和导轮之间的托板上，以工件自身外圆为定位基准，其中心略高于砂轮和导轮的中心连线。磨削时，导轮转速 n 与砂轮转速 n_0 相比较低，由于工件与导轮(通常由橡胶、黏合剂制成，磨粒较粗)之间的摩擦较大，所以工件以接近于导轮转速回转(n)，从而在砂轮与工件间形成很大的速度差，据此产生磨削作用。改变导轮的转速，便可以调整工件的圆周进给速度。

无心外圆磨床由床身、砂轮修整器、砂轮架、导轮修整器、回转座架和支座等主要部件组成，如图 18-5 所示。

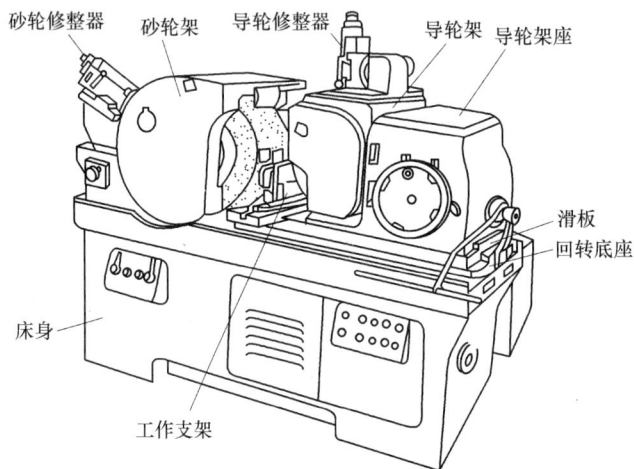

图 18-5　无心外圆磨床

无心外圆磨削是一种生产率高且易于实现自动化的磨削方法。无心外圆磨削原理如图 18-6 所示，工件不用顶尖支承，也不用卡盘装夹，而是置于砂轮和导轮之间的托板上，工件的待加工表面就是加工定位基准。导轮由橡胶、黏合剂制成，其轴线在垂直方向上与磨削轮成 θ 角，带动工件旋转和纵向进给运动。

无心磨削时，磨削轮以大于导轮 75 倍左右的圆周速度旋转，由于工件与导轮间的摩擦力大于工件与磨削轮间的摩擦力，所以工件被导轮带动并以相反方向旋转，而磨削轮则对工件进行磨削。无心磨削后，工件的精度可达 IT6～IT7 级，表面粗糙度达 $Ra0.2$～$0.8\mu m$。

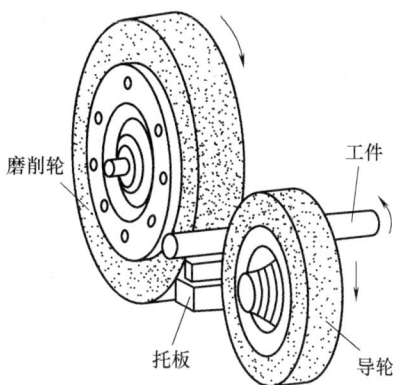

图 18-6　无心外圆磨削原理

　　在无心外圆磨床上，磨削工件的方法主要有贯穿磨削法、切入磨削法和强迫贯穿磨削法。

　　(1) 贯穿磨削法。磨削时，工件一面旋转一面纵向进给，穿过磨削区域，工件的加工余量需要在几次贯穿中切除。这种方法用于磨削无台阶的外圆表面，如图 18-7 所示。

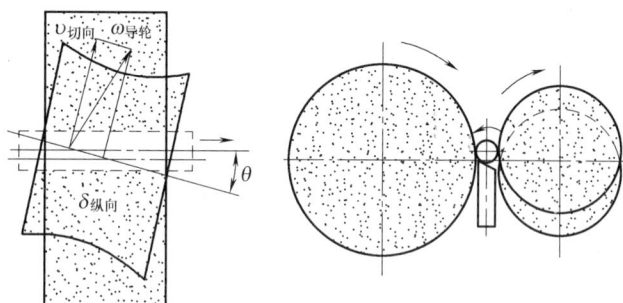

图 18-7　贯穿磨削法

　　(2) 切入磨削法。如图 18-8 所示，磨削时，工件不做纵向进给运动，通常将导轮回转较小的倾斜角($\theta=30°$)，使工件在磨削过程中有一微小轴向力，令工件紧靠挡销，因而能获得理想的加工质量。切入磨削法适用于加工带台阶的圆柱形零件或锥销、锥形滚柱等成形旋转体零件。

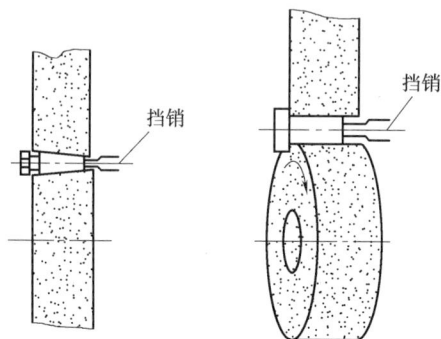

图 18-8　切入磨削法

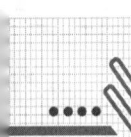

(3) 强迫贯穿磨削法。强迫贯穿磨削法使用带有成形螺旋槽的导轮，其导轮的成型面使磨削轮的工作素线与工件素线相平行，并借助导轮螺旋线的作用，使工件强迫贯穿磨削。这种方法具有很高的生产率，但由于导轮成型面制造和机床调整很复杂，故此法仅适用于大批量生产贯穿磨削成形表面的零件。

项目 19　磨削基本知识

19.1　实 习 目 的

通过磨削加工实习及其理论学习，掌握磨削加工的基本知识，并做到理论与实践相结合，以理论指导实践。

19.2　实 习 任 务

(1) 熟悉并掌握磨削的基本原理。
(2) 理解磨削温度的概念，掌握影响磨削温度的因素。
(3) 掌握砂轮的特性及其正确的选用方法。
(4) 熟悉并掌握砂轮的平衡安装与修整的方法。
(5) 了解砂轮的磨损与砂轮的寿命。

19.3　实习器材准备

砂轮、磨粒、磨削加工工件、砂轮法兰盘、砂轮接长轴、砂轮平衡架、金刚石笔、橡胶垫等。

19.4　实 习 内 容

19.4.1　磨削概念

磨削是指用磨料或磨具切除工件上多余材料的加工方法。

在磨床上应用磨削加工工艺时，砂轮旋转为主运动，外圆工件或内孔工件做旋转和往复直线进给运动，平板类工件做往复直线进给运动，通过砂轮和工件之间的相对运动，使工件达到图纸要求成为零件。

磨削加工主要用于精加工，适合加工各种工件的内外圆柱面、圆锥面和平面，以及螺纹、齿轮和花键等特殊、复杂的成型表面，能加工硬度较高的材料，如淬硬钢、硬质合金等，也能加工脆性材料，如玻璃、陶瓷、大理石、花岗石等。另外，磨削也可应用于荒加工，如磨除铸件的浇冒口、锻件的飞边和钢锭的外皮等。

磨削加工时，工件加工量少、加工精度高，加工效率也较高，在机械加工领域中，磨削加工是应用较为广泛的切削加工方法之一，但磨屑和金属屑以及磨削噪音，都会对身体有害，砂轮的碎裂，可能会使操作者遭受严重的伤害，因此，必须重视磨削工艺，扬长避短，使磨削工艺更好地服务于生产。

19.4.2 磨削原理

随着各种高强度和难加工材料的广泛应用,对零件的精度要求也在不断提高,磨削加工在当前工业生产中已得到迅速发展。磨削不仅用于精加工,而且用于粗加工、毛坯去皮加工等,能获得较高的生产率和良好的经济性。磨削常用于淬硬钢、耐热钢及特殊合金钢材料等坚硬材料。

1. 磨削过程

磨削是利用砂轮上无数个微小磨粒的微切削刃对工件表面进行的切削加工。与普通切削加工不同的是,磨粒切削刃的几何形状不确定。由于磨粒是将磨料经机械方法破碎而得,因此它的几何形状通常是负前角(-85°~-60°),顶角多为90°~120°,刃口楔角为80°~145°,刃端钝圆半径为3~28μm,且磨粒的切削刃在砂轮上的排列(凹凸、刃距)是随机分布的。单个磨粒的磨削过程大致分为滑擦、刻划和切削三个阶段,如图19-1所示。

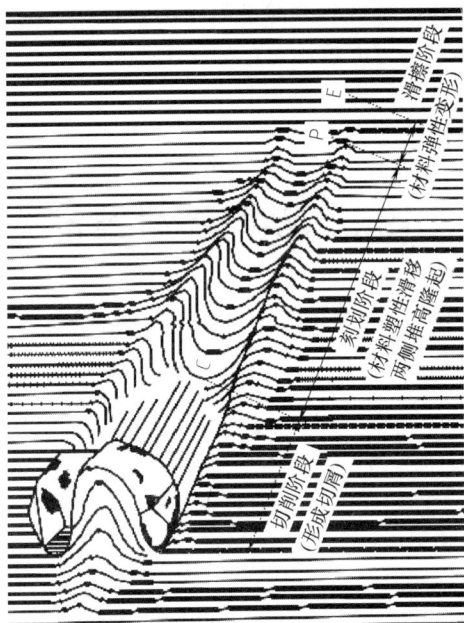

图 19-1 单个磨粒的磨削过程

(1) 滑擦阶段。在滑擦阶段,磨粒切削刃开始与工件接触,由于磨粒有很大的负前角和较大的刃口半径,切削厚度非常小,只是在工件表面上产生滑擦,工件仅产生弹性变形。磨粒继续前进时,随着挤入深度增大而与工件间的压力逐步增大,表面金属由弹性变形逐步过渡到塑性变形。

(2) 刻划阶段。工件材料开始产生塑性变形,此时磨粒切入金属表面,磨粒的前方及两侧出现表面隆起现象,工件表面刻划出沟痕。在该阶段,磨粒与工件间挤压摩擦加剧,磨削热显著增加,表示磨削进入刻划阶段。

(3) 切削阶段。随着切削厚度的增加,在达到临界值时,被磨粒推挤的金属明显地滑移而形成切屑。

磨削塑性材料时，形成带状切屑，如图 19-2(a)所示。磨削脆性材料时，形成挤裂状切屑，如图 19-2(b)所示。在磨削过程中产生的高温的作用下，切屑熔化可成为球状或灰烬状形态，如图 19-2(c)、(d)所示。

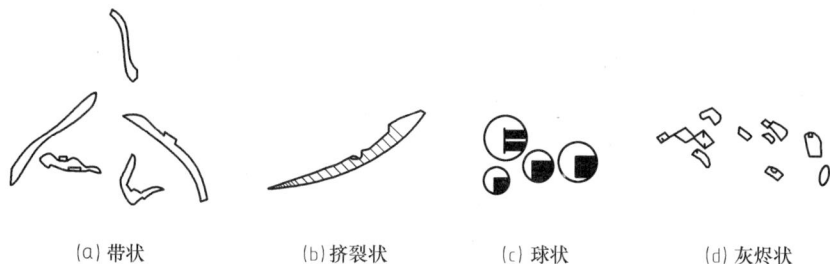

(a) 带状　　　　(b) 挤裂状　　　　(c) 球状　　　　(d) 灰烬状

图 19-2　磨屑形态

2. 磨削特点

磨粒的硬度很高，如同刀具，能像刀具一样起切削作用。而高速回转的砂轮就相当于多刃刀具，能切下很薄的一层金属，得到加工精度和表面质量较高的工件加工表面。磨削加工的特点如下。

(1) 能加工硬度很高的材料，如淬火钢、硬质合金、陶瓷和玻璃等材料，但不宜加工塑性较大的有色金属材料。

(2) 磨削加工精度高，表面粗糙度小，精度可达 IT5～IT6，表面粗糙度小至 $Ra0.01$～$1.25\mu m$，镜面磨削时可达 $Ra0.01$～$0.04\mu m$。

(3) 磨削速度高，普通磨削速度为 30～35m/s，高速磨削速度可达 45～60m/s。

(4) 磨削温度高，磨削点温度可达 1000℃以上，因此，要充分使用切削液。

(5) 磨削余量小，磨粒的切削刃很锋利，能够切下数微米厚的金属。

(6) 磨削的工艺范围广，可以磨削内圆面、外圆面、平面、螺纹、齿形及各种成型面等，还可用于各种刀具的刃磨。

19.4.3　磨削温度

1. 磨削温度的基本概念

由于磨削速度高，能耗大(为车削的 10～20 倍)，因此磨削温度很高。通常磨削温度是指砂轮与工件接触区的平均温度，它包含三个区域的温度。

(1) 工件平均温度。工件平均温度是指磨削热传入工件而引起的工件温升，它影响工件的尺寸精度和形状精度。

(2) 磨粒磨削点的温度。磨粒磨削点的温度是指磨粒切削刃与磨屑接触部分的温度，是磨削过程中温度最高的部位，瞬时可达 1000℃，如图 19-3 所示。它不但影响加工表面质量，还与砂轮的磨损等关系密切。

(3) 磨削区温度。磨削区温度是砂轮与工件接触区的平均温度，一般有 500～800℃，它将引起磨削表面的烧伤和裂纹的产生。

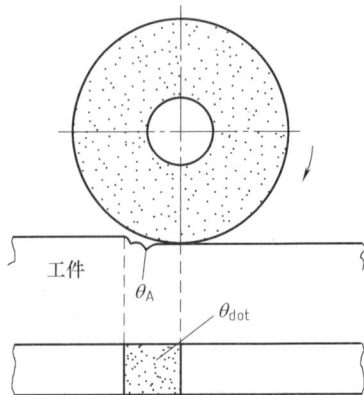

图 19-3 磨粒磨削点的温度

2. 影响磨削温度的主要因素

影响磨削温度的因素主要有以下几个方面。

(1) 砂轮速度 v。砂轮速度增大，单位时间内的工作磨粒数将增多，单个磨粒的切削厚度变小，挤压和摩擦作用加剧，滑擦热显著增加。此外，还会使磨粒在工作表面的滑擦次数增加。所有这些都将促使磨削温度的升高。

(2) 工件速度 v_w。工件速度增大就是热源移动速度增大，工件表面温度可能有所降低，但不明显。因工件速度增大后，增大了金属切除量，也增加了发热量。因此，为了更好地降低磨削温度，应该在提高工件速度的同时，适当降低径向进给量，使单位时间内的金属切除量保持常值或略有增加。

(3) 径向进给量 f_v。径向进给量增大，将导致磨削过程中磨削变形力和摩擦力的增大，从而引起发热量的增多和磨削温度的升高。

(4) 工件材料。金属的导热性越差，则磨削区的温度越高。对钢来说，含碳量高，则导热性差。铬、镍、铝、硅、锰等元素的加入会使导热性显著变差。合金的金相组织不同，导热性也不同，按奥氏体、淬火和回火马氏体、珠光体的顺序逐级变强。磨削冲击韧度和强度高的材料，磨削区温度也比较高。

(5) 砂轮硬度与粒度。用软砂轮磨削时的磨削温度低，反之则磨削温度高。由于软砂轮的自锐性好，砂轮工作表面上的磨粒经常处于锐利状态，减少了由于摩擦和弹、塑性变形而消耗的能量，所以磨削温度较低。砂轮的粒度粗时，磨削温度低，其原因在于砂轮粒度粗，则砂轮工作表面上单位面积的磨粒数少，在同等条件下与细粒度的砂轮相比，与工件接触的有效面积较小，且单位时间内与工件加工表面摩擦的磨粒数较少，发热量少，有助于降低磨削温度。

19.4.4　砂轮

砂轮是磨削加工的主要工具，如图 19-4 所示；它是由磨料和黏合剂构成的疏松多孔物体，如图 19-5 所示。磨粒、黏合剂和空隙是构成砂轮的三要素。随着磨料、黏合剂及砂轮制造工艺的不同，砂轮特性差别很大，对磨削加工的精度及生产率等有着重要影响，必须根据具体情况选用。

图 19-4   砂轮

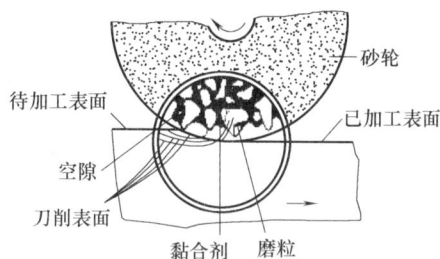

图 19-5   砂轮的组成

1. 砂轮的特性

由于磨料、黏合剂及砂轮制造工艺的不同，砂轮特性差别很大。砂轮的特性由磨料、粒度、黏合剂、硬度、组织及强度等六个方面的因素决定。

1) 磨料

磨料是制造砂轮的主要原料，在磨削中担负主要的切削工作。磨料必须具备高硬度、高耐热性、高耐磨性和一定的韧性，如表 19-1 所示。

表 19-1   常用磨料的性能与用途

系　列	磨料名称	代　号	特　性	适于磨削的材料
氧化物系	棕刚玉	GZ	棕褐色，硬度高，韧性大，价格便宜	碳钢、合金钢
	白刚玉	GB	白色，硬度比 GZ 高，韧性比 GZ 差	淬火钢、高速钢
碳化物系	黑碳化硅	TH	黑色，硬度比 GB 高，性脆而锋利，导热较好	铸铁、黄铜
	绿碳化硅	TL	绿色，硬度及脆性比 TH 高，有良好的导热性	硬质合金、宝石、陶瓷
高硬磨料系	人造金刚石	JB	无色透明或淡黄色，黄绿色，黑色，硬度高	硬质合金、宝石、光学玻璃、半导体材料等
	立方氮化硼	CBN	黑色或淡色白，硬度仅次于 JB，耐磨性高，发热少	高钒高速钢、不锈钢等难加工材料

2) 粒度

粒度表示磨料颗粒的大小。砂轮的粒度对磨削加工生产率和工件表面质量影响较大。一般来说，粗磨时，应选用粗粒度的砂轮，以保证较高的生产率；精磨时，选用细粒度的砂轮，以减低磨削表面的粗糙度值；磨软而粘的材料，应选用粗粒度的砂轮，以防工作表面堵塞；磨削脆、硬材料，则应选用细粒度砂轮。粒度的选用如表 19-2 所示。

表 19-2　粒度的选用

粒 度 号	颗粒尺寸/μm	使 用 范 围
12 号、14 号、16 号	2000～1000	粗磨、荒磨、打磨毛刺
20 号、24 号、30 号、36 号	1000～400	磨钢锭、打磨铸件毛刺、切断钢坯等
46 号、60 号	400～250	内圆、外圆、平面、无心磨、工具磨等
70 号、80 号	250～160	内圆、外圆、平面、无心磨、工具磨等半精磨、精磨
100 号、120 号、150 号、180 号、240 号	160～50	半精磨、精磨、珩磨、成型磨、工具磨等
W40、W28、W20	50～14	精磨、超精磨、珩磨、螺纹磨、镜面磨等
W14～更细	14～2.5	精磨、超精磨、镜面磨、研磨、抛光等

3) 黏合剂

黏合剂用于黏合磨粒，制成各种不同形状和尺寸的砂轮。黏合剂的性能决定了砂轮的强度、耐冲击性、耐腐蚀性、耐热性和使用寿命。常用的黏合剂有陶瓷黏合剂、树脂黏合剂、橡胶黏合剂和金属黏合剂等，其中以陶瓷黏合剂应用最广。黏合剂的性能与用途如表 19-3 所示。

表 19-3　黏合剂的性能与用途

名 称	代 号	性 能	应 用 范 围
陶瓷黏合剂	V	耐热、耐水、耐油、耐酸碱，气孔率大，强度高，但韧性弹性差	能制成各种模具，适用于成型磨削和磨螺纹、齿轮、曲轴等
树脂黏合剂	B	强度高，弹性好，耐冲击，有抛光作用，但耐热性差，抗腐蚀性差	制造高速砂轮、薄砂轮
橡胶黏合剂	R	强度和弹性更好，有极好的抛光作用，但耐热性更差，不耐酸，气隙堵塞	抛光砂轮、薄砂轮、无心磨导轮
金属黏合剂	J	强度高，成型性好，有一定韧性，但自锐性差	制造各种金刚石磨具，使用寿命长

4) 硬度

砂轮的硬度是指在磨削力的作用下磨粒脱落的难易程度。如磨粒容易脱落，表明砂轮硬度低，反之则表明砂轮硬度高。砂轮的硬度与磨粒的硬度是两个不同的概念，硬度相同的磨粒，可以制成不同硬度的砂轮。

砂轮硬度的选择，对磨削质量、磨削效率和砂轮损耗都有很大影响。一般来说，磨削较硬的材料，应选用较软的砂轮；磨削较软的材料，应选用较硬的砂轮。磨削有色金属时，应选用较软的砂轮，以免切屑堵塞砂轮；在精磨和成形磨削时，应选用较硬的砂轮。砂轮硬度代号如表 19-4 所示。

表 19-4　砂轮硬度代号

名称	超软	软 1	软 2	软 3	中软 1	中软 2	中 1
代号	D.E.F	G	H	J	K	L	M
名称	中 2	中硬 1	中硬 2	中硬 3	硬 1	硬 2	超硬
代号	N	P	Q	R	S	T	Y

5) 组织

砂轮的总体积是由磨粒、黏合剂和气孔构成的，这三部分体积的比例关系在工程中常称为砂轮的组织。砂轮的组织与用途如表 19-5 所示。

表 19-5　砂轮的组织与用途

组织号	0	1	2	3	4	5	6	7
磨粒率/%	62	60	58	56	54	52	50	48
用途	成型磨削和精密磨削				磨淬火工件、刀具			
组织号	8	9	10	11	12	13	14	
磨粒率/%	46	44	42	40	38	36	34	
用途	磨韧性好、硬度低的材料							

6) 强度

砂轮的强度是指砂轮在高速回转时抵抗破碎的能力，常用砂轮的允许最高回转速度(单位：m/s)表示。

2. 砂轮的形状

常用砂轮的形状、代号及主要用途如表 19-6 所示。

表 19-6　常用砂轮的形状、代号及主要用途

砂轮种类	断面形状	形状代号	主要用途
平形砂轮		P	磨外圆、内孔、平面及刃磨刀具
双斜边砂轮		PSX	磨齿轮及螺纹
双面凹砂轮		PSA	磨外圆、刃磨刀具、无心磨的磨轮和导轮
双面凹带锥砂轮		PSZA	磨外圆及台肩
薄片砂轮		PB	切断、磨槽
筒形砂轮		N	主轴端磨平面

砂轮种类	断面形状	形状代号	主要用途
碗形砂轮		BW	磨机床导轨、刃磨刀具
碟形 1 号砂轮		D_1	刃磨刀具
碟形 2 号砂轮		D_2	磨齿轮及插齿刀

3. 砂轮的型号表示方法

P	300	×	50	×	75	GZ	60	L5	V	35
平型	直径		厚度		内孔	磨料	粒度	硬度	黏合剂	强度

19.4.5 砂轮的安装、平衡与修整

1. 砂轮的安装

由于砂轮工作时的转速很高，而砂轮的质地又较脆，因此必须正确地安装砂轮，以免砂轮碎裂飞出，造成严重的设备事故和人身伤害。常用的安装方法如图 19-6 所示。

砂轮安装应注意以下几个方面。

(1) 安装前检查砂轮是否有裂纹：先看外观，再用木棒轻轻敲击听其响声，声音清脆则没有裂纹。

(2) 安装时在砂轮和法兰盘之间应垫一层软材料，如橡胶垫。

(3) 使用的螺纹旋向应与砂轮回转方向相反。

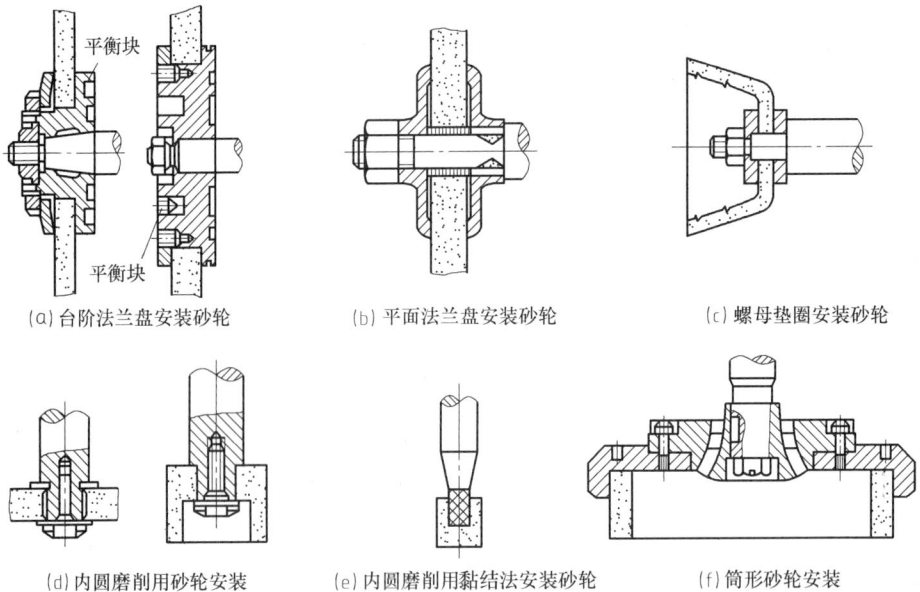

(a) 台阶法兰盘安装砂轮　　(b) 平面法兰盘安装砂轮　　(c) 螺母垫圈安装砂轮

(d) 内圆磨削用砂轮安装　　(e) 内圆磨削用黏结法安装砂轮　　(f) 筒形砂轮安装

图 19-6　砂轮的安装

2. 砂轮的平衡

砂轮的重心与旋转中心不重合称为砂轮的不平衡。在高速旋转时，砂轮的不平衡会使主轴振动，从而影响加工质量，严重时甚至使砂轮碎裂，造成事故。所以砂轮安装后，首先需对砂轮进行平衡调整。一般直径在 250mm 以上的砂轮都要进行静平衡调整。先将砂轮装在心轴上，再放在平衡架的导轨上。如果不平衡，较重的部分总是转到下面，这时可移动法兰盘端面环形槽内的平衡块进行平衡，直到砂轮在导轨上的任意位置都能静止时为止，如图 19-7 所示。

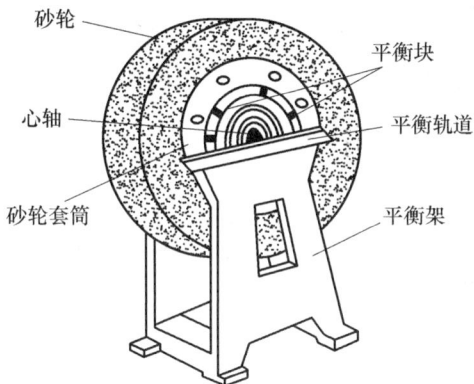

图 19-7　砂轮的平衡

(1) 砂轮进行静平衡前，必须把砂轮法兰盘内孔、环形槽内、平衡块、平衡心轴和平衡架导轨等擦干净。

(2) 平衡架的两根圆柱导轨应校正到水平位置，砂轮进行静平衡试验时，平衡心轴轴线应与平衡架导轨轴线保持垂直。

(3) 不断调整平衡块，如果将砂轮转到任意位置时，砂轮都能停住，则砂轮的静平衡调整完毕。

(4) 安装新砂轮时，砂轮要进行两次静平衡试验。

3. 砂轮的修整

新砂轮使用过一段时间后，磨粒逐渐变钝，砂轮工作表面空隙被磨屑堵塞，最后使砂轮丧失切削能力。所以，砂轮工作一段时间后必须进行修整，以使磨钝的磨粒脱落，恢复砂轮的切削能力和外形精度。修整砂轮的常用工具是金刚石笔，如图 19-8 所示。修整砂轮时，金刚石笔相对砂轮的位置如图 19-9 所示，以避免笔尖扎入砂轮，同时也可保持笔尖的锋利。

修整时，可以用冷却液充分冷却或不用冷却液，但不可在点滴冷却下修整，以防止金刚石笔忽冷忽热而碎裂。修整时，横向进给量 0.01～0.02mm；纵向进给量与表面粗糙度有关，进给量越小，砂轮表面修出的微刃等高性越好，修磨后的工件表面粗糙度越低。

图 19-8　金刚石笔

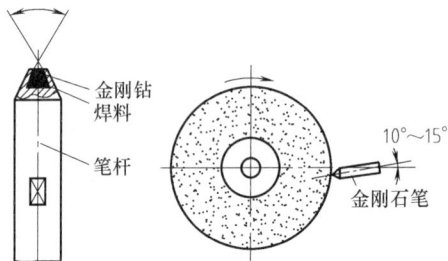

图 19-9　砂轮的修整

19.4.6　磨削液

磨削时，除了正确地选择砂轮、磨削条件和修整条件以外，磨削液及其供给方法的选择对于磨削效果也有相当大的影响。磨削时，最好选用冷却和润滑性能都较好的乳化液。

磨削液的主要作用是降低磨削温度，改善加工表面质量，提高磨削效率，延长砂轮使用寿命。从提高磨削效果来看，磨削液应满足下列要求。

(1) 冷却作用：通过磨削液的热传导，能降低磨削区的温度，从而避免工件烧伤、变形，使测量工件的尺寸准确。

(2) 润滑作用：磨削液能渗入到磨粒与工件的接触面之间，并黏附在金属表面上形成润滑膜，减少磨粒与工件间的摩擦，有利于提高工件表面粗糙度和砂轮耐用度。

(3) 洗涤作用：可将磨屑和脱落的磨粒冲洗掉，避免工件表面烧伤。

(4) 防锈作用：在磨削液中加入防锈添加剂，能在金属表面形成保护膜，使工件、机床免受氧化，起到防锈的作用。

除以上作用外，还要求磨削液无毒、无臭，不刺激皮肤，化学稳定性好，不易腐败变质，不产生泡沫、废液，易处理与再生，避免污染环境等。

19.4.7　砂轮的磨损与寿命

1. 砂轮的磨损

砂轮磨损包含磨粒的磨耗磨损、磨粒破碎和脱落磨损等三种形态，如图 19-10 所示。

磨耗磨损是由于磨粒与工件之间的摩擦、黏结、高温氧化和扩散而引起的，一般发生在磨粒与工件的接触处，如图 19-10 中 A 处。开始时，在磨粒刃尖上出现一磨损的微小平面，当微小平面逐步增大时，磨刃就无法顺利地切入工件，而只是在工件表面产生挤压作用，从而使磨削热增加，磨削过程恶化。磨粒破碎发生在一个磨粒的内部，如图 19-10 中的 B-B 截面处。磨粒在磨削过程中，在多次急热急冷作用下，表面形成极大的热应力而导致局部破碎。磨粒的导热系数越小，热膨胀系数越大，就越容易破碎。脱落磨损的难易主要取决于黏合剂的强度，如图 19-10 中的 C-C 截面处。磨削时，随着磨削温度的上升，黏合剂强度下降，当磨削力超过黏合剂强度时，整个磨粒从砂轮上脱落，形成脱落磨损。

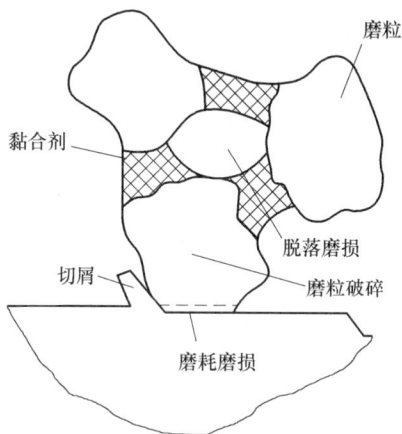

图 19-10　砂轮的磨损

砂轮磨损后，会导致磨削性能恶化。当砂轮硬度较低、磨削负荷较轻时，砂轮出现钝化现象，会使金属切除率明显下降。如砂轮硬度较低、磨削负荷重时，砂轮出现脱落现象，会使砂轮轮廓形状改变，严重影响磨削精度与表面质量。在磨削碳钢时，磨削产生的高温使切屑软化，嵌塞在砂轮的孔隙处，造成砂轮堵塞；磨削钛合金时，切屑与磨粒的亲和力强，从而造成黏附和堵塞。砂轮堵塞后即失去切削能力，磨削力及磨削温度剧增，表面质量显著下降。

2. 砂轮寿命

砂轮寿命用砂轮在两次修整之间的实际磨削时间表示，它是砂轮磨削性能的重要指标之一，同时还是影响磨削效率和磨削成本的重要因素。砂轮磨损量是最重要的寿命判据。当磨损量大至一定程度时，工件将发生颤振，表面粗糙度突然增大，或出现表面烧伤现象。但准确判断比较困难，在实际生产中，砂轮寿命的常用合理数值可参考表 19-7 确定。

表 19-7　砂轮寿命的常用合理数值

磨削种类	外圆磨	内圆磨	平面磨	成型磨
寿命($T \cdot s^{-1}$)	1200～2400	600	1500	600

项目 20　磨外圆和外锥面

20.1　实习目的

通过本次实习，熟悉并掌握工件装夹方式及技能，熟悉并掌握切削用量的选择与调整，熟悉并掌握工件外圆、锥面等磨削加工的基本方法和技能，熟悉并掌握各操控手柄(手轮)的操控。

20.2　实习任务

磨削加工如图 20-1 所示零件的 ϕ50 外圆表面及两端 ϕ30 外圆表面，其工序图如图 20-2 所示。

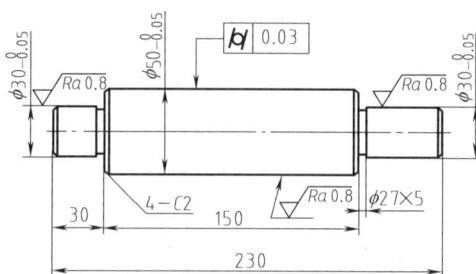

图 20-1　外圆表面磨削

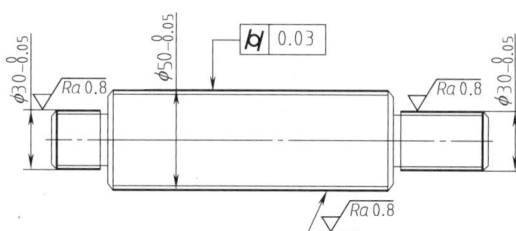

图 20-2　外圆表面磨削工序图

20.3　实习器材准备

游标卡尺 0～300、25～50 千分尺、50～75 千分尺、百分表、百分表架、平衡芯轴、砂轮修正器、鸡心夹、中心架、固定扳手、卡盘扳手、固定顶尖、待磨工件、毛刷、棉纱。

20.4 外圆表面的磨削加工工艺

用双顶尖装夹工件→调整机床切削用量→粗磨ϕ50 外圆表面及两端ϕ30 外圆，留余量 0.1mm→半精磨ϕ50 外圆表面及两端ϕ30 外圆，留余量 0.05mm→精磨ϕ50 外圆表面至尺寸并靠磨轴肩面。

20.5 实习内容与操作要点

外圆磨削可以在普通外圆磨床、万能外圆磨床或无心磨床上进行。

20.5.1 工件的装夹

(1) 用前、后顶尖装夹工件，如图 20-3 所示。用前、后顶尖装夹工件是外圆磨削中最常用的装夹方法，磨床上采用的前后顶尖都是死顶尖，这样头架旋转部分的偏摆就不会反映到工件上来，加工精度比用活顶尖高。装夹时，利用工件两端的顶尖孔将工件支承在磨床的头架及尾座顶尖间。这种装夹方法的特点是装夹迅速方便，加工精度高。带动工件旋转常用的夹头有四种：圆环夹头、鸡心夹头、对合夹头和自动夹紧夹头，如图 20-4 所示。

头架 拔盘 拨杆 夹头 头架顶尖 砂轮 工件 尾座顶尖 尾座

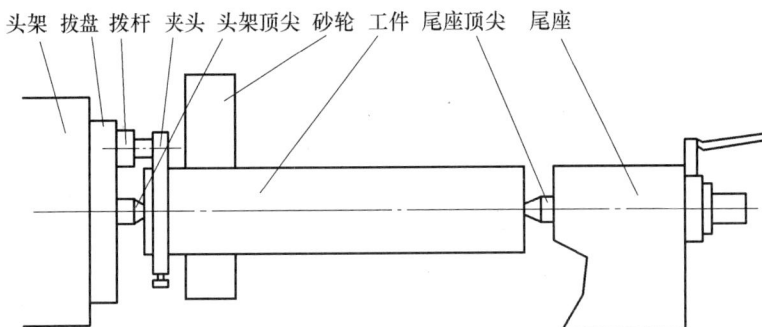

图 20-3 前后顶尖装夹工件

(2) 用三爪卡盘或四爪卡盘装夹工件。三爪卡盘适用于装夹没有中心孔的工件，而四爪卡盘特别适用于夹持表面不规则的工件。

(3) 利用心轴装夹工件。心轴装夹适用于磨削套类零件的外圆。常用的心轴有小锥度心轴、台肩心轴、可胀心轴三种，分别如图 20-5～图 20-7 所示。

(4) 用卡盘和顶尖装夹。当工件较长时一端不能打中心孔，可一端用卡盘，一端用顶尖装夹。与用双顶尖装夹相比，装夹刚性好，能承受较大的切削力矩，但定位精度低一些。

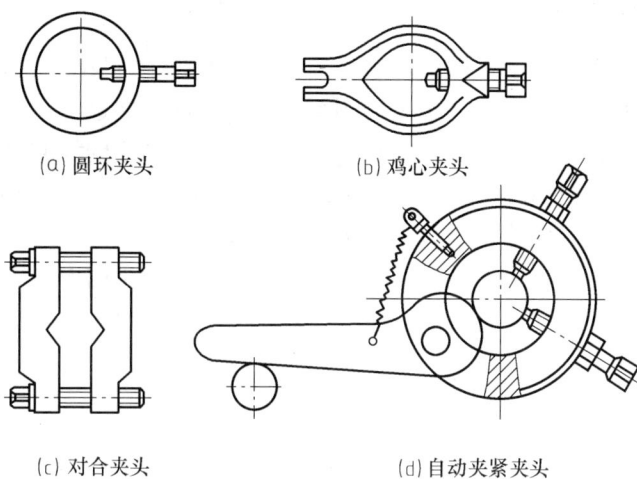

(a) 圆环夹头　　　　　(b) 鸡心夹头

(c) 对合夹头　　　　　(d) 自动夹紧夹头

图 20-4　常用夹头

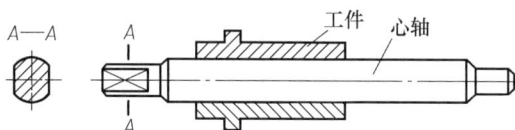

图 20-5　小锥度心轴

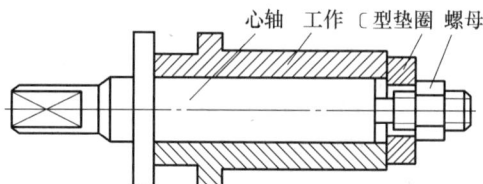

图 20-6　台肩心轴

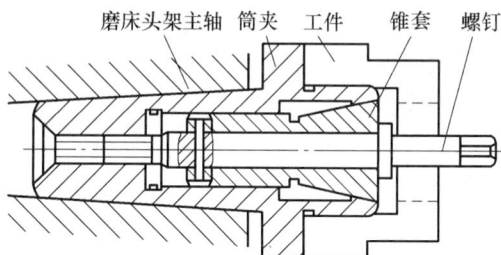

图 20-7　可胀心轴

20.5.2　磨外圆的方法

磨外圆的方法有纵向磨法、横向磨法和阶段磨削法三种。

1. 纵向磨削法

磨削时，工件在主轴带动下做旋转运动，并随工作台一起做纵向移动，当一次纵向行程或往复行程结束时，砂轮需按要求的磨削深度再做一次横向进给，这样就能使工件上的磨削余量不断被切除。当工件磨至最终尺寸时，须无横向进给的纵向往复磨削几次，直到火花完全消失为止，如图 20-8 所示。由于纵磨时磨削深度小，磨削力小，磨削温度低，而且最后的几次光磨能逐步消除由于机床、工件、夹具弹性变形而产生的误差，所以，磨削精度高、表面粗糙度值小、生产效率低。纵磨法是一种最通用的磨削方法，适用于单件小批量生产及零件的精磨。

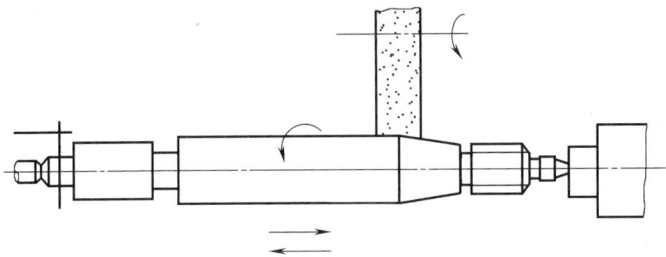

图 20-8　纵向磨削法

2. 横向磨削法(切入磨削法)

横向磨削法，又称切入磨削法。磨削时，工件只需与砂轮做同向转动(圆周进给)，而砂轮除高速旋转外，还需根据工件加工余量做缓慢连续的横向切入，工件无纵向进给，直到加工余量全部被切除为止。由于磨削时砂轮无纵向进给运动，相当于成型磨削，砂轮的形状误差会直接影响工件的形状精度。另外，砂轮与工件的接触宽度增大，磨削力大，磨削温度高，因此，砂轮要勤修整，切削液供应要充分，工件刚性要好。横磨法的特点是：磨削效率高，磨削长度较短，磨削较困难，如图 20-9(a)所示。横磨法适用于批量生产，磨削刚性好的工件上较短的外圆表面、阶梯轴轴颈以及对工件的粗磨。

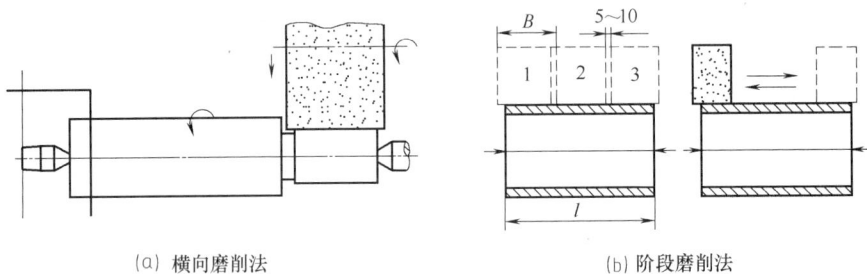

(a) 横向磨削法　　　　　　(b) 阶段磨削法

图 20-9　横向磨削法与阶段磨削法

3. 阶段磨削法

阶段磨削法又称综合磨削法，是横向法和纵向法的综合应用，即先用横向法将工件分段粗磨，相邻两段间有一定量的重叠，各段留精磨余量，然后用纵向法进行精磨，如图 20-9(b)所示。这种磨削方法既保证了精度和表面粗糙度，又提高了磨削效率。

20.5.3　切削用量的选择

1. 磨削速度 v_C

磨削速度是指砂轮的圆周速度，即砂轮外圆表面上某一磨粒在每秒内所通过的距离，即：

$$v_C = \pi D_0 n_0 / 1000 \times 60 (\text{m/s})$$

式中：D_0——砂轮直径，mm；

$\quad\quad n_0$——砂轮转速，r/min。

粗磨时，v_C=30～35m/s；精磨时，v_C=30～45m/s。

2. 背吃刀量 a_p

对于外圆磨削、内圆磨削、无心磨削而言，背吃刀量又称横向进给量，即工作台每次纵向往复行程终了时，砂轮在横向移动的距离。背吃刀量大，生产率高，但大的 a_p 对磨削精度和表面粗糙度不利。通常磨外圆时，粗磨 a_p=0.01～0.025 mm，精磨 a_p=0.005～0.015mm；磨内圆时，粗磨 a_p=0.0050～0.03mm，精磨 a_p=0.002～0.01mm；磨平面时，粗磨 a_p=0.015～0.15mm，精磨 a_p=0.005～0.015mm。

3. 纵向进给量 f

外圆磨削时，纵向进给量是指工件每回转一周，沿自身轴线方向相对砂轮移动的距离。粗磨时，f=(0.3～0.85)B；精磨时，f=(0.2～0.3)B(B 是砂轮宽度，f 单位是 mm/r)。

4. 工件圆周速度 v_W

工件圆周速度是指圆柱面磨削时工件待加工表面的线速度，又称工件圆周进给速度，用下式表示：

$$v_W = \pi D_W n_W / 1000 (\text{m/min})$$

式中：D_W——工件直径，mm；

$\quad\quad n_W$——工件转速，r/min。

粗磨时，v_W=20～85m/min；精磨时，v_W=15～50m/min。

20.5.4　加工步骤

1. 磨削前的准备

(1) 清理并研磨工件两端中心孔，使其达到几何精度和接触精度要求。

(2) 擦净工件中心孔，并加注润滑油，然后将工件支承在前后顶尖之间，调整尾座顶紧力，使顶紧力适当。

(3) 检测工件的径向圆跳动，应不大于 0.15mm。否则，要对工件进行校直，并需做消除应力处理。

(4) 调整好工作台的纵向行程，特别要注意防止砂轮与工件台肩相撞。

(5) 为避免磨削中工件有可能产生弯曲变形，所选用的砂轮要比磨削一般刚性好的轴类工件所用的砂轮硬度软一些，粒度大一些，组织松一些。

(6) 用金刚石笔修整砂轮时，要从砂轮右缘向左缘进行，以保证砂轮左缘尖锐，有利于磨削工件轴肩端面。为了减小径向磨削力，还可将砂轮外圆表面修整成中凹形状，以减小砂轮与工件的接触宽度。

2. 磨削操作步骤

(1) 先试磨工件，再开始正式磨削。

(2) 在刚开始粗磨时，工件转速要慢，一般在 100～180r/min 范围内选取，磨削深度要小，通常为 0.01～0.02mm，工作台纵向进给速度低，一般为 0.2m/min，以消除上一道工序可能产生的完全变形，同时还要注意使砂轮周边磨损均匀。适当磨削后，要停机检查工件的磨削状况。若产生锥度，应校正工作台；若产生腰鼓形，要调整工件装夹，重新试磨，直至能均匀磨出 0.005mm 即可。磨至磨削余量仅为 0.03～0.05mm 时，即可转入精磨。

(3) 精磨时，磨削深度要更小，一般为 0.0025～0.005mm，纵向进给量也要小一些。

(4) 精磨至尺寸后，还要光磨 3～5 个行程。

工件外圆磨削工艺过程如表 20-1 所示。

表 20-1　外圆磨削的工艺过程

工序号	工序简图	工序内容	注意事项
1	 各外圆表面留余量 0.10mm	粗磨	①砂轮修磨后要后退，以免撞击工件； ②用对刀时先快后慢，接近工件时要更慢
2	 各外圆表面留余量 0.05mm	半精磨	用外径千分尺测量是否有锥度
3		精磨	①头架主轴转速调到高档； ②光磨直到无火花

项目 21　磨外圆锥面

21.1　实　习　目　的

通过本次实习，熟悉并掌握外圆锥面的磨削方法，熟悉并掌握在外圆磨床上磨削外圆锥面的步骤。

21.2　实　习　任　务

磨削加工如图 21-1 所示 1：5 的锥面，其工序图如图 21-2 所示。

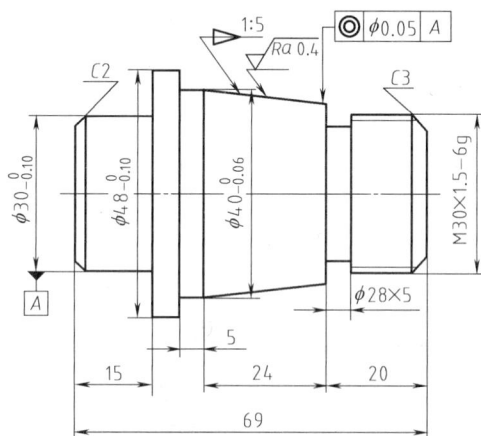

图 21-1　锥面磨削

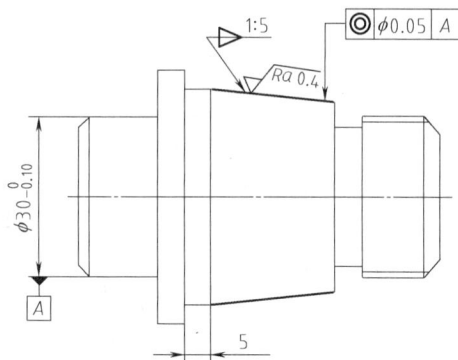

图 21-2　锥面磨削工序图

21.3　实习器材准备

游标卡尺、25～50 千分尺、50～75 千分尺、百分表、百分表架、平衡芯轴、砂轮修正器、鸡心夹、中心架、固定扳手、卡盘扳手、固定顶尖、工件、毛刷、棉纱。

21.4　外圆表面的磨削加工工艺过程

用双顶尖装夹工件→调整机床→调整切削用量→粗磨 1：5 外锥面，留余量 0.1mm→半精磨1：5 外锥面，留余量0.05mm→精磨1：5 外锥面至尺寸。

21.5　实习内容与操作要点

21.5.1　磨锥面的方法

万能外圆磨床上磨锥面的方法一般有三种，如图 21-3 所示。

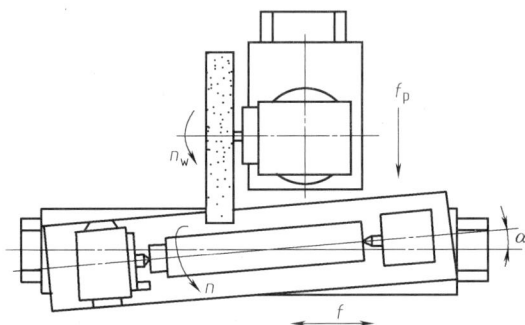

(a) 偏转工作台磨锥度较小的锥面

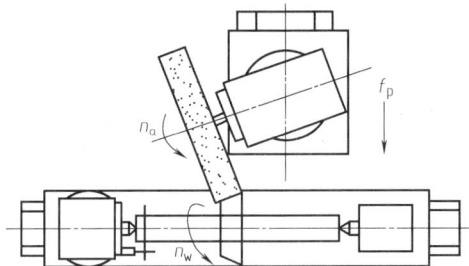

(b) 偏转砂轮架磨锥度较大的锥面

图 21-3　磨锥面的方法

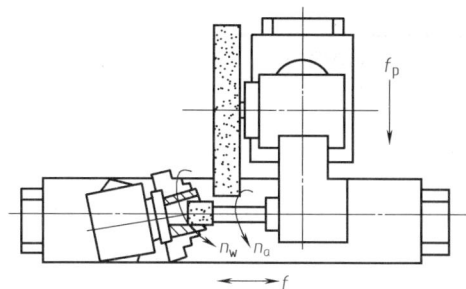

(c)偏转头架磨内锥面

图 21-3　磨锥面的方法(续)

(1) 偏转工作台磨锥度较小的锥面，如图 21-3(a)所示，将上工作台相对于下工作台偏转相应的角度，工件支承于头架和尾座之间，采用纵向磨法。

(2) 偏转砂轮架磨锥度较大的锥面，如图 21-3(b)所示，将头架和砂轮都偏转相应的角度，工件装夹于头架的三爪卡盘上，采用切入磨法。

(3) 偏转头架磨内锥面，如图 21-3(c)所示，将头架偏转相应的角度，工件装夹于头架的三爪卡盘上，由内圆磨具采用纵向磨法。

21.5.2　磨削操作步骤

磨削的操作步骤如下。

(1) 研磨两端中心孔，使其接触面积不小于 75%。

(2) 工件支承在万能外圆磨床的前后顶尖上，松紧适中。

(3) 按要求扳转砂轮架，并试磨工件外圆锥面。

(4) 采用纵磨法粗磨外锥面，纵向进给速度为 2～3m/min，工件速度为 0.4～0.6m/min，磨削深度为 0.02～0.03mm，精磨余量为 0.03～0.05mm。

(5) 精磨外圆锥面。精修砂轮，精磨外圆锥面，精磨时纵向进给速度为 1～2m/min，工件速度为 0.1～0.2m/min，磨削深度为 0.005～0.01mm，再光磨 3～5 次。

外锥面磨削工艺过程如表 21-1 所示。

表 21-1　外锥面磨削工艺过程

序　号	工序简图	工序内容	注意事项
1		粗磨	①砂轮修磨后要后退，以免撞击工件；②对刀时先快后慢，接近工件时要更慢

序　号	工序简图	工序内容	注意事项
2	1:5 Ra 0.8　　3　　2　　(5.3)　留余量0.03	半精磨	用锥度环规测量锥度是否正确
3	1:5 Ra 0.4　◎ φ0.05 A　φ30 0/−0.10　3　2　5　A	精磨	①头架主轴转速调到高档；②光磨至无火花

项目 22 平面磨削

22.1 实习目的

通过本次实习，进一步熟悉并掌握工件装夹方式及技能、切削用量的选择与调整、工件平面磨削加工的基本方法和技能，以及各操控手柄(手轮)的操控技能。

22.2 实习任务

磨削加工如图 22-1 所示零件基准 A 面及相对面，其工序图如图 22-2 所示。

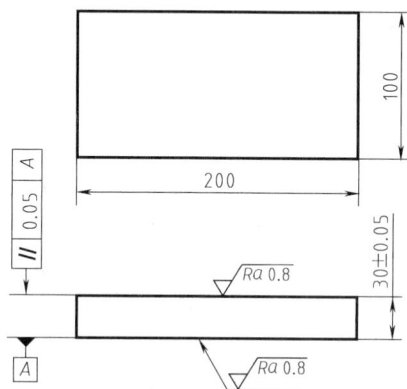

图 22-1 平面磨削

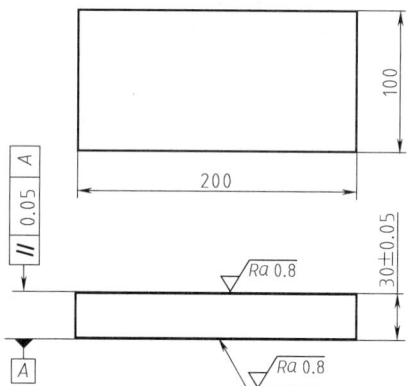

图 22-2 平面磨削工序图

22.3 实习器材准备

游标卡尺、25～50 千分尺、百分表、百分表架、平衡芯轴、砂轮修正器、鸡心夹、中心架、固定扳手、卡盘扳手、固定顶尖、工件、毛刷、棉纱。

22.4 平面的磨削加工工艺

坯料装夹→调整机床切削用量→粗磨、半精磨和精磨基准 A 面→工件反面装夹→粗磨另一面，留余量 0.1mm→半精磨另一面，留余量 0.05mm→精磨至尺寸。

22.5 实习内容与操作要点

平面磨削在平面磨床上进行。

22.5.1 工件的装夹

在平面磨床上装夹工件通常采用如图 22-3 所示的电磁吸盘安装工件。对钢、铸铁等导磁工件可直接安装在工作台上，对铜、铝等非导磁性工件要通过精密平口钳等装夹。这种方法装卸工件方便迅速，牢固可靠，能同时安装许多工件。由于定位基准面被均匀地吸紧在台面上，从而能很好地保证加工平面与基准面的平行度。

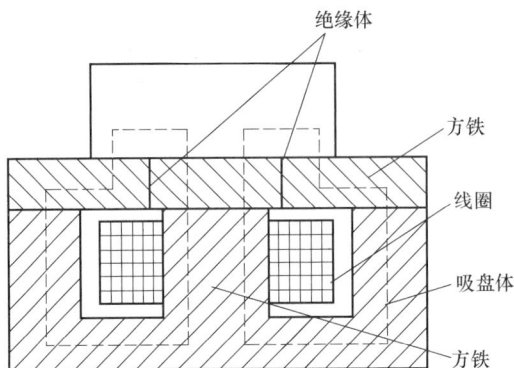

图 22-3 电磁吸盘

常用的平面磨床按其砂轮轴线的位置和工作台的结构特点，可分为卧轴矩台平面磨床、立轴矩台平面磨床、卧轴圆台平面磨床、立轴圆台平面磨床几种类型，如图 22-4 所示。其中卧轴矩台平面磨床应用最广。

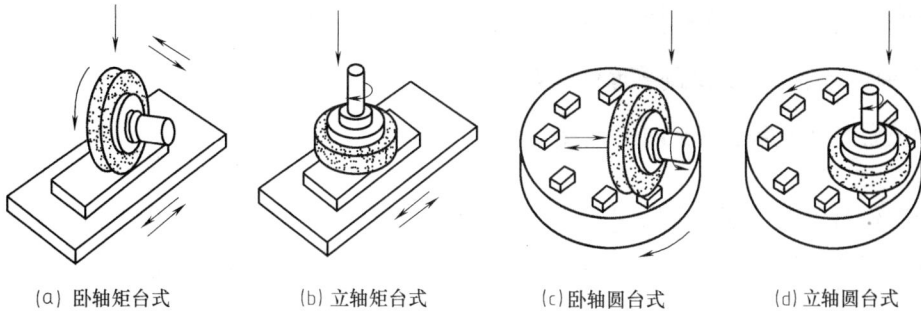

(a) 卧轴矩台式　　　(b) 立轴矩台式　　　(c) 卧轴圆台式　　　(d) 立轴圆台式

图 22-4　平面磨床的几种类型及其磨削运动

22.5.2　磨平面的形式和方法

1. 磨削形式

根据磨削时砂轮工作表面的不同，磨削平面的形式有圆周磨削法和端面磨削法两种，如图 22-5 所示。

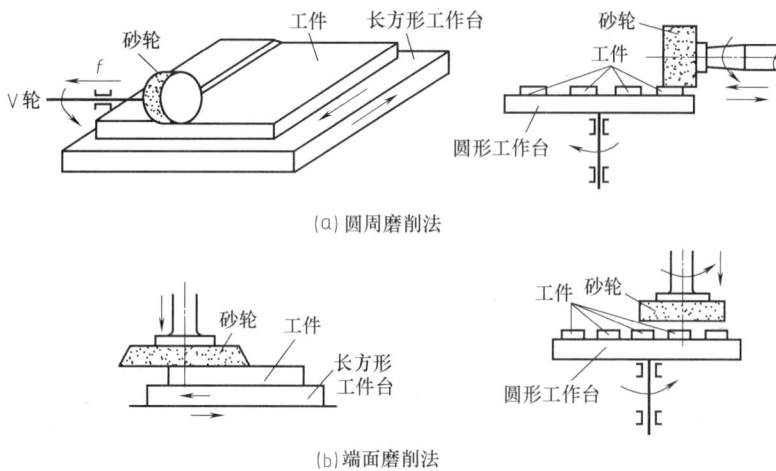

(a) 圆周磨削法

(b) 端面磨削法

图 22-5　磨削平面的形式

1) 圆周磨削法

圆周磨削法，又称周边磨削法，是指用砂轮的圆周面磨削平面，如图 22-5(a)所示。圆周磨削时，砂轮与工件接触面积小，排屑和冷却条件好，工件发热量少，因此磨削易翘曲变形的薄片工件能获得较好的加工质量，但磨削效率低，一般用于精磨。

2) 端面磨削法

端面磨削法，是指砂轮的端面磨削平面，如图 22-5(b)所示。端面磨时，由于砂轮轴伸出较短，而且主要是受轴向力，因而刚性较好，能采用较大的磨削用量。此外，砂轮与工件接触面积大，磨削效率高，但发热量大，也不易排屑和冷却，故加工质量较圆周磨削低，一般用于粗磨和半精磨。

卧轴矩台或圆台平面磨床的磨削属于圆周磨削，砂轮与工件的接触面积小，生产效率低，但磨削区散热、排屑条件好，因此磨削精度高。

2. 卧轴矩台平面磨床磨削平面的主要方法

卧轴矩台平面磨床磨削平面的主要方法如下。

1) 横向磨削法

每当工作台纵向行程终了时，砂轮主轴做一次横向进给，待工件表面上第一层金属磨去后，砂轮再按预选磨削深度做一次垂直进给，以后按上述过程逐层磨削，直至切除全部磨削余量，如图 22-6(a)所示。横向磨削法是最常用的磨削方法，适用于磨削长而宽的平面，也适于相同小件按序排列，做集合磨削。

2) 深度磨削法

先将粗磨余量一次磨去，粗磨时的纵向移动速度很慢，横向进给量很大，为(3/4～4/5)B(B 为砂轮厚度)，然后再用横向磨削法精磨，如图 22-6(b)所示。深度磨削法垂直进给次数少，生产效率高，但磨削抗力大，仅适用于在刚性好、动力大的磨床上磨削平面尺寸较大的工件。

3) 阶梯磨削法

将砂轮厚度的前一半修成几个阶台，粗磨余量由这些阶台分别磨除，砂轮厚度的后一半用于精磨。这种磨削方法生产效率高，但磨削时横向进给量不能过大，如图 22-6(c)所示。由于磨削余量被分配在砂轮的各个阶台圆周面上，磨削负荷及磨损由各段圆周表面分担，故能充分发挥砂轮的磨削性能。由于砂轮修整麻烦，其应用受到一定的限制。

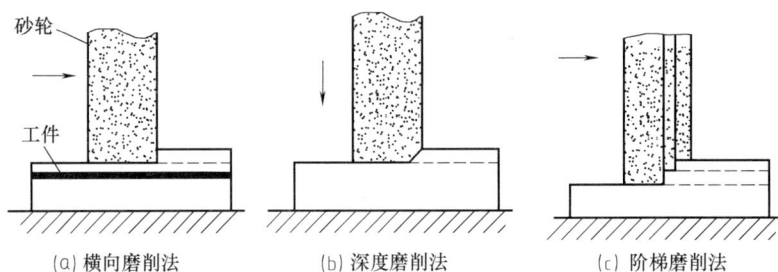

图 22-6　平面的磨削方法

22.5.3　切削用量的选择

1. 粗磨时切削用量的选择

横向进给量 v=30～35m/s，f=(0.1～0.48)B/双行程(B 为砂轮宽度)，背吃刀量(垂直进给量)a_p=0.015～0.04mm。

2. 精磨时切削用量的选择

v=30～35m/s，f=(0.05～0.1)B/双行程，a_p=0.005～0.01mm。

3. 砂轮的操作

(1) 砂轮修整垂直进给，转动垂直进给手柄，每格为 0.005mm，每次进给 0.01～

0.02mm。

(2) 在操作中出现意外时，要立即按下急停按钮，使机床停止运动。

22.5.4　磨平面磨削操作步骤

选择砂轮→装夹工件(平行面磨削选用工作台吸附磨削，垂直面磨削选用精密平口钳装夹)→选择切削用量并调整机床→确定磨削工艺→粗加工→精加工→测量工件。

磨削零件的平面时采用横向磨削法，磨削前应注意以下几个问题。

(1) 装夹工件前应擦净工作台面或钳口装夹面。

(2) 装夹前应修去工件上的毛刺，检查磨削余量，将工件一面吸牢在电磁工作台上或夹紧在平口钳中。

(3) 对刀至砂轮下缘与工件顶面有 0.5mm 间隙。调整行程挡块，确定纵向和横向行程。

平面磨削工艺过程如表 22-1 所示。

表 22-1　平面磨削工艺过程

工 序 号	工序简图	工序内容	注意事项
1		粗精磨基准面 A	磨前将吸盘台面和工件的毛刺、氧化层清除干净
2		粗精磨对面	为防止工件受热变形，消除表面的凹凸不平，需要多次翻转工件

项目 23　内孔磨削加工

23.1　实 习 目 的

通过本次实习，进一步熟悉并掌握工件装夹方式及技能、切削用量的选择与调整、工件内孔磨削加工的基本方法和技能，以及各操控手柄(手轮)的操控。

23.2　实 习 任 务

磨削加工如图 23-1 所示零件 ϕ35 内孔，其工序图如图 23-2 所示。

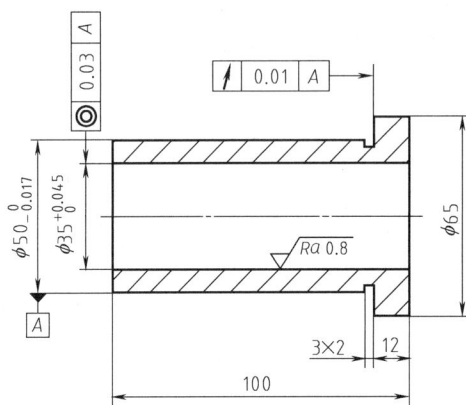

图 23-1　内孔磨削

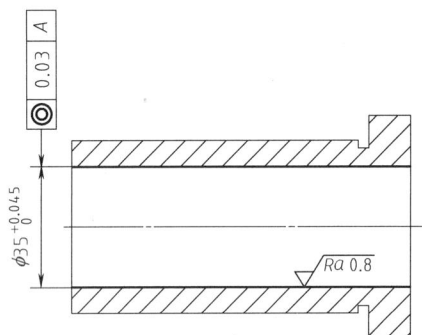

图 23-2　内孔磨削工序图

23.3 实习器材准备

游标卡尺、25～50 内径千分尺、百分表、百分表架、三爪卡盘、砂轮修正器、中心架、固定扳手、卡盘扳手、固定顶尖、工件、毛刷、棉纱。

23.4 外圆表面的磨削加工工艺

坯料装夹→调整机床切削用量→粗磨 ϕ35 内孔，留余量 0.1mm→半精磨 ϕ35 内孔，留余量 0.05mm→精磨 ϕ35 内孔至尺寸。

23.5 实习内容与操作要点

内孔磨削在 M1432A 万能外圆磨床上进行。

23.5.1 内圆磨削的特点

内圆磨削的特点如下。

(1) 由于受到内圆直径的限制，内圆磨削的砂轮直径小，转速又受内圆磨床主轴转速的限制(一般为 10 000～20 000r/min)，砂轮的圆周速度一般达不到 30～35m/s，因此磨削表面质量比外圆磨削差。

(2) 内圆磨削时，直径越小，安装砂轮的接长轴直径也越小，而悬伸却较长，刚性差，容易产生弯曲变形和振动，影响了尺寸精度和形状精度，降低了表面质量，同时也限制了磨削用量，不利于提高生产率。

(3) 内圆磨削时，砂轮直径小，转速却比外圆磨削高得多，因此单位时间内每一磨粒参加磨削的次数比外圆磨削高，而且与工件成内切圆接触，接触弧比外圆磨削长，再加上内圆磨削处于半封闭状态，冷却条件差，磨削热量较大，磨粒易磨钝，砂轮易堵塞，工件易发热和烧伤，影响表面质量。

为了保证磨孔的质量和提高生产率，必须根据磨孔的特点，合理地使用砂轮和接长轴，正确选择磨削用量，改进工艺。

23.5.2 磨内孔砂轮的尺寸选择

(1) 砂轮直径的选择要考虑两个方面：一方面，磨削某一内圆时，砂轮直径选大值，其圆周速度得到提高，砂轮接长轴也可选择较粗一些的，刚性好，因而对提高工件的加工精度、降低表面粗糙度有利；另一方面，砂轮直径加大，它与工件内圆表面的接触弧面积也随之增大，致使磨削热量增加，冷却和排屑条件变差，砂轮易堵塞、变钝，这是不利的一面。为了获得良好的磨削效果，砂轮直径与工件孔径应有一个适当的比值，这个比值通常为 0.5～0.9：当内径较小时，可取较大比值；当内径较大时，应取较小比值。

(2) 砂轮宽度的选择。在砂轮接长轴的刚性和机床功率允许的范围内，砂轮宽度可以按工件长度选择，如表 23-1 所示。

表 23-1　砂轮宽度的选择

磨削长度	14	30	45	>50
砂轮宽度	10	25	32	40

23.5.3　砂轮的安装

内孔磨削时，砂轮可直接与内圆磨具的主轴连接，砂轮与主轴的紧固方法有螺纹紧固和黏结剂紧固两种方法。为了扩大内圆磨具的使用范围，砂轮也可与砂轮接长轴连接。

(1) 螺纹紧固。螺纹紧固法是常用的机械紧固砂轮的方法，如图 23-3 所示。由于螺纹有较大的夹紧力，故可以使砂轮安装得比较牢固，并且可以保证砂轮有正确的定位。

(2) 黏结剂紧固。磨削小孔时(ϕ15mm 以下)，砂轮常用黏结剂紧固在接长轴上，如图 23-4 所示。

(3) 砂轮接长轴。为了扩大内圆磨具的适用范围，砂轮不是直接装在内圆磨具的主轴上，而是将砂轮紧固在接长轴上，如图 23-5 所示。在内圆磨床或万能外圆磨床上使用的接长轴，可以按经常磨削孔的类型配制一套不同规格的接长轴。当要磨削不同孔径和长度的工件时，只需更换不同尺寸的接长轴，这样做既经济又方便。

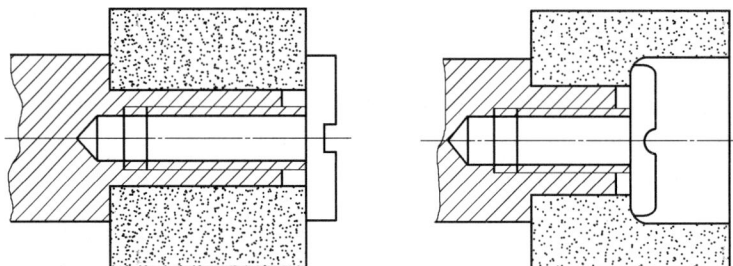

图 23-3　螺纹紧固

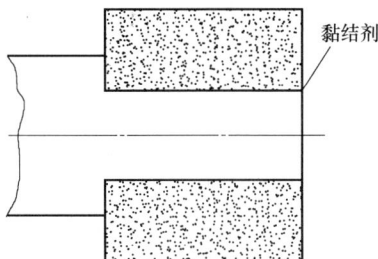

图 23-4　黏结剂紧固

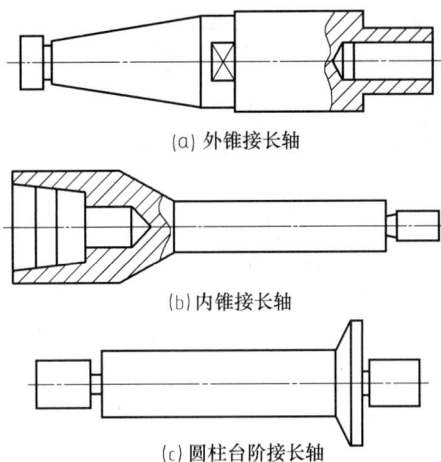

(a) 外锥接长轴

(b) 内锥接长轴

(c) 圆柱台阶接长轴

图 23-5　砂轮接长轴

23.6　工件的安装

(1) 用三爪卡盘装夹工件。三爪卡盘能自动定心，但定心精度较低，工件夹紧后的径向圆跳动在 0.08 mm 左右。

① 较短工件的装夹。

a. 工件端面与内孔对夹持外圆没有位置精度要求，或内孔磨好后再磨外圆。这种情形可以不用百分表找正，直接装夹。

b. 工件端面与内孔对夹持外圆有位置精度要求，则要用百分表找正，可以用铜棒轻轻敲击工件右端面，如图 23-6(a)所示。

② 较长工件的装夹。工件较长时，装夹容易偏斜，其右端的径向圆跳动量往往也大，需要进行找正。左端夹持 10～15mm，如图 23-6(b)所示，先找正 a 点，用铜棒轻轻敲击最高点，待 a 点基本符合要求后，再复调 b 点(b 点的跳动量由卡盘本身的精度保证)。待再次夹紧后，复调几次方能加工。

③ 盘形工件的装夹。装盘形工件时，端面容易倾斜。工件夹持部位要短一些，找正时用铜棒轻轻敲击，如图 23-6(c)所示。

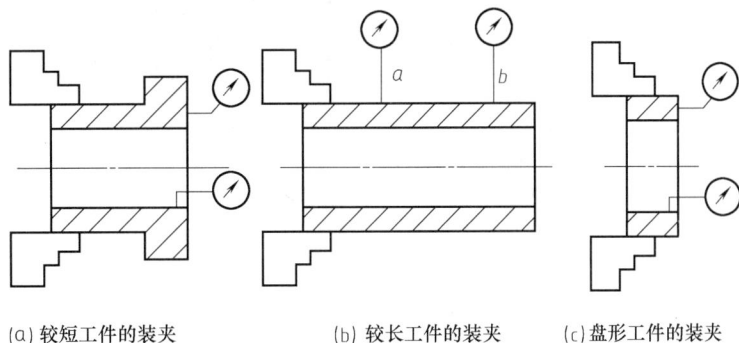

(a) 较短工件的装夹　　　(b) 较长工件的装夹　　(c) 盘形工件的装夹

图 23-6　工件的装夹

(2) 用四爪卡盘装夹工件。四爪卡盘主要用于装夹尺寸较大的工件，或外形为正方形、矩形和其他形状不规则的工件。四爪卡盘不能自动定心，装夹工件时必须进行找正。粗找正时可用划针盘，精找正时再用百分表。

(3) 用花盘装夹工件。花盘主要用于装夹外形比较复杂的工件，如铣刀、支架和连杆等。

(4) 用卡盘和中心架装夹工件。磨削较长的套类零件内圆时，可以采用卡盘和中心架组合安装的方法，以提高工件的装夹稳定性，如图 23-7 所示。

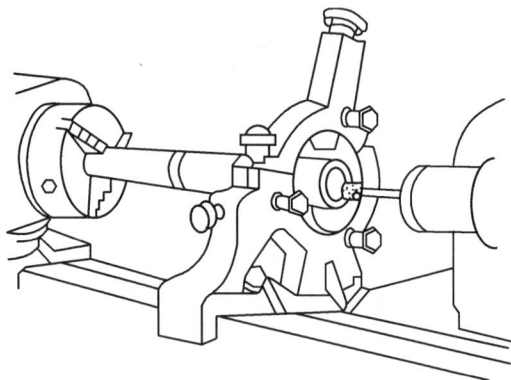

图 23-7 用卡盘和中心架装夹

23.7 内圆的一般磨削方法

内孔磨削一般采用纵向磨削法和切入磨削法两种方法，如图 23-8 所示。砂轮在工件孔的磨削位置有前面接触和后面接触两种，如图 23-9 所示。一般在万能外圆磨床上可采用前面接触磨削，在内圆磨床上采用后面接触磨削。

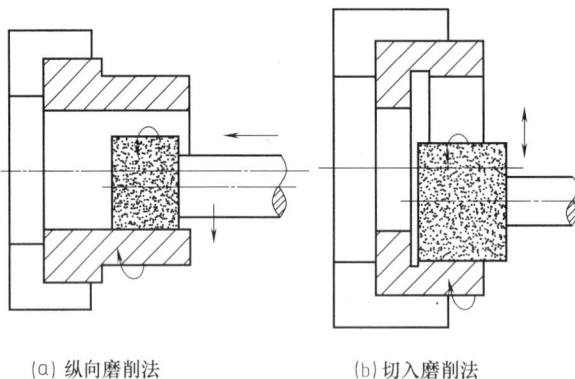

(a) 纵向磨削法   (b) 切入磨削法

图 23-8 磨内孔的方法

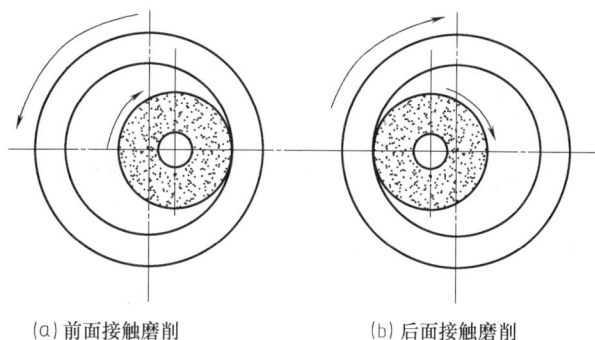

(a) 前面接触磨削　　　　　　　　　(b) 后面接触磨削

图 23-9　砂轮在工件孔中的磨削位置

1. 纵向磨削法

内圆的纵向磨削法与外圆的纵向磨削法相同，也是应用得最广泛的磨削方法。纵向磨削法磨内孔分为光滑通孔磨削、光滑不通孔的磨削和间断表面孔的磨削三种情况。

1) 光滑通孔磨削

(1) 砂轮直径、接长轴长度选择。根据孔径和孔长，选择合适的砂轮直径和接长轴长度，接长轴的刚度要好，接长轴太长，磨削时易产生振动，影响磨削效率和加工质量。

(2) 调整工作台行程。内圆磨削要调整工作台行程。行程长度 T 应根据图 23-10(a)所示的工件长度 L 和砂轮越程 l 计算。越程 l 一般取砂轮宽度 B 的 1/3～1/2。

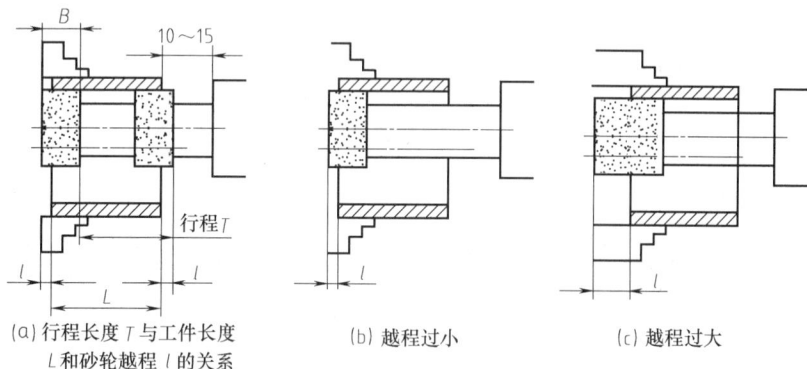

(a) 行程长度 T 与工件长度　　　(b) 越程过小　　　　　　(c) 越程过大
　　 L 和砂轮越程 l 的关系

图 23-10　调整工作台行程

越程 l 若过小，则孔的两端磨削时间太短，磨去的金属会比孔中间的少，易形成孔中间凹的缺陷，如图 23-10(b)所示。越程 l 若过大，砂轮宽度大部分已超过孔端，此时磨削力明显减弱，接长轴弹性变形得到恢复，孔两端的金属就会被多磨去一部分，形成"喇叭口"，如图 23-10(c)所示。孔径小时更明显。

2) 光滑不通孔的磨削

光滑不通孔的磨削与通孔磨削相似，但需注意以下几点。

(1) 左挡铁必须调整正确，防止砂轮端面与孔底相撞。可先根据孔深在外壁上做记号，在砂轮和工件均不转动时，移动工作台纵向行程到位置后紧好挡铁。

(2) 为防止产生顺锥，可以在孔底附近做几次短距离的往复行程，砂轮在孔口的越程要小一些。

(3) 及时清除孔内的磨屑。

3) 间断表面孔的磨削

内孔表面如有沟槽(见图 23-11(a))、键槽(见图 23-11(b))或径向通孔(见图 23-11(c))，则砂轮与孔壁接触有间断现象，内孔容易产生形状误差，磨削时要采取相应的措施。

磨削如图 23-11(a)所示的内孔时，在表面 1 和 2 的地方容易产生喇叭口。采取的措施是适当加大砂轮宽度，尽量选直径较大的接长轴，并用金刚石及时修整砂轮。磨削如图 23-11(b)所示内孔时，在键槽边口容易产生"塌角"，可适当增大砂轮直径，减小砂轮宽度，提高接长轴的刚性。

对于精度较高的内孔，则可在键槽内镶嵌硬木或胶木。磨削如图 23-11(c)所示内孔时，孔壁容易产生多角形，可适当增大砂轮直径，采用刚性好的材料做接长轴，并及时修整砂轮。

上述三种类型的零件在精磨时都应减小背吃刀量，增加光磨次数，方能保证工件的加工精度和表面粗糙度。

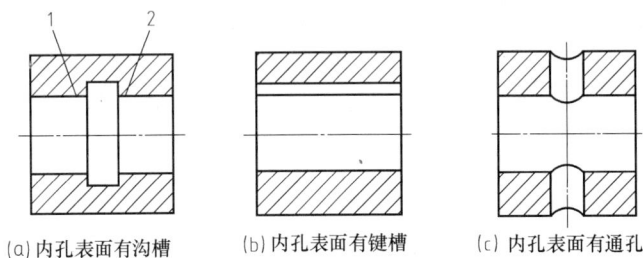

(a) 内孔表面有沟槽   (b) 内孔表面有键槽   (c) 内孔表面有通孔

图 23-11   间断表面孔的磨削

2. 切入磨削法

切入磨削法与外圆径向磨削法相同，适用于工件长度不大的内孔磨削，生产效率高，如图 23-12 所示。

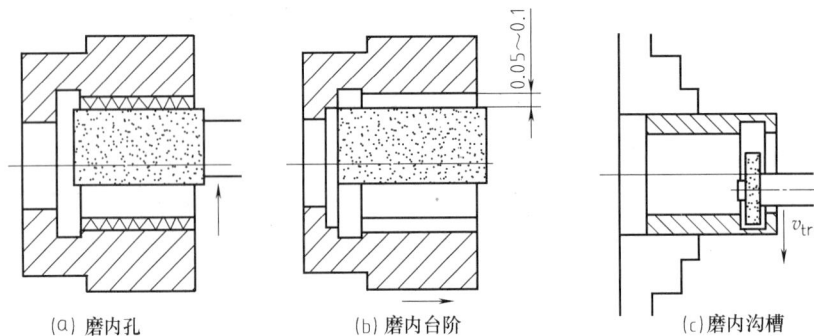

(a) 磨内孔   (b) 磨内台阶   (c) 磨内沟槽

图 23-12   切入磨削法

1) 机床的调整和切削用量的选择

(1) 粗磨时　$v_0=20 \sim 30\text{m/min}$，$v_W=15 \sim 25\text{m/min}$，$a_p=0.005 \sim 0.002\text{mm}$，$f=1.5 \sim 2.5\text{m/min}$。

(2) 精磨时　$a_p=0.005 \sim 0.01\text{mm}$，$f=0.5 \sim 1.5\text{m/min}$。

2) 操作步骤

(1) 校正中心架，使其中心与头架中心同心。

(2) 以 $\phi 50$ 外圆定位，将工件装夹在三爪自动定心卡盘上，另一端支承在中心架上找正右端面，使其跳动在 0.015mm 以内，再找正 $\phi 50$ 外圆前段，使其径向跳动在 0.02mm 以内，后段跳动在 0.04mm 以内。

(3) 用接长轴砂轮磨内孔。粗磨时，工件速度为 28m/min，纵向进给量为 0.4m/min，磨削深度为 0.007mm；半精磨时，工件速度为 28m/min，纵向进给量为 0.3m/min，磨削深度为 0.005mm；精磨时，先修整砂轮，再以纵向进给量 0.2m/min、磨削深度 0.002mm 进行精磨，最后光磨 2～3 个全行程。

内孔磨削工艺过程如表 23-2 所示。

表 23-2　内孔磨削工艺过程

工序号	工序简图	工序内容	注意事项
1	$\phi 35_{-0.10}^{-0.05}$　Ra 1.6	粗磨内孔	砂轮在孔两端超越量取砂轮宽度的 1/3～1/2
2	$\phi 35_{-0.05}^{0}$　Ra 1.6	半精磨内孔	精磨用内径百分表测量是否有锥度
3	◎ 0.03 A　$\phi 35_{0}^{+0.045}$　Ra 0.8	精磨内孔	光磨至尺寸要求

附录 A 一般公差的偏差值

一般公差的偏差值如表 A.1～表 A.3 所示。

表 A.1 线性尺寸的极限偏差数值

公差等级		精密 f	中等 m	粗糙 c	最粗 v
基本尺寸分段	0.5～3	±0.05	±0.1	±0.2	—
	>3～6	±0.05	±0.1	±0.3	±0.5
	>6～30	±0.1	±0.2	±0.5	±1
	>30～120	±0.15	±0.3	±0.8	±1.5
	>120～400	±0.2	±0.5	±1.2	±2.5
	>400～1000	±0.3	±0.8	±2	±4
	>1000～2000	±0.5	±1.2	±3	±6
	>2000～4000	—	±2	±4	±8

表 A.2 倒圆半径和倒角高度尺寸的极限偏差数值

公差等级	基本尺寸分段			
	0.5～3	>3～6	>6～30	>30
精密 f	±0.2	±0.5	±1	±2
中等 m				
粗糙 c	±0.4	±1	±2	±4
最粗 v				

注：倒圆半径和倒角高度的含义参见 GB/T 6403.4。

表 A.3 角度尺寸的极限偏差数值

公差等级	长度分段				
	-10	>10～50	>50～120	>120～400	>400
精密 f	±1°	±30′	±20′	±10′	±5′
中等 m					
粗糙 c	±1°30′	±1°	±30′	±15′	±10′
最粗 v	±3°	±2°	±1°	±30′	±20′

注：长度值按角度短边长度确定，对圆锥角按圆锥素线长度确定。

一般公差通常按 GB/T 1804 执行。

附录 B 车削加工工件评分标准

1. 车削基本表面

基本表面加工图如图 B.1 所示。

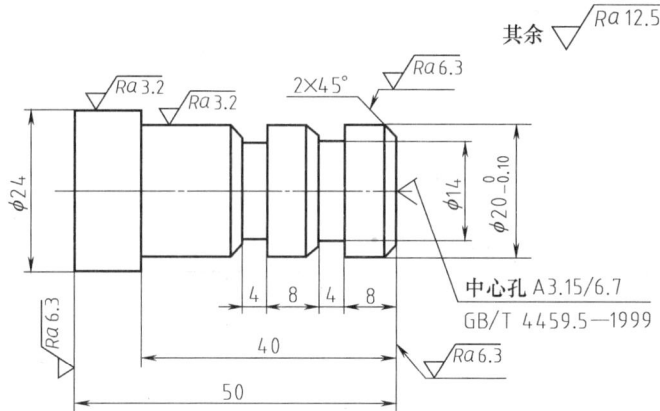

图 B.1 基本表面加工图

基本表面加工工件评分标准如表 B.1 所示。

表 B.1 基本表面加工工件评分标准

序号	检测内容	配分	评分标准	检测量具
1	$\phi 20_{-0.10}^{0}$	20	三部分为一整体，每超差 0.01 扣 1 分，最多扣 10 分	游标卡尺
2	$\phi 14$	10	两处，每处 5 分，每超差 0.02 扣 1 分，每处最多扣 3 分	游标卡尺
3	$\phi 24$	10	每超差 0.02 扣 1 分，最多扣 5 分	游标卡尺
4	A3.15/6.7	10	只检测 6.7，每超差 0.05 扣 1 分，最多扣 5 分	游标卡尺
5	4	8	两处，每处 4 分，每超差 0.03 扣 1 分，每处最多扣 2 分	游标卡尺
6	8	8	两处，每处 4 分，每超差 0.03 扣 1 分，每处最多扣 2 分	游标卡尺
7	40	5	每超差 0.05 扣 1 分，最多扣 3 分	游标卡尺
8	50	5	每超差 0.05 扣 1 分，最多扣 3 分	游标卡尺
9	2×45°	4	每超差 0.05 或角度每差 2 度扣 1 分，最多扣 2 分	游标卡尺
10	Ra3.2	10	两处，每处 5 分，每处粗糙度每降一级扣 1 分，每处最多扣 3 分	粗糙度样板
11	Ra6.3	8	两处，每处 4 分，每处粗糙度每降一级扣 1 分，每处最多扣 2 分	粗糙度样板
12	Ra12.5	2	每降一级扣 1 分，最多扣 2 分	粗糙度样板

序号	检测内容	配分	评分标准	检测量具
13	安全文明生产		每违反一次规章制度总成绩扣 5 分，严重违反造成安全事故者不得分	
14	备注		未注公差按粗糙级进行检测	

2. 工件外圆锥切削加工

外圆锥柄加工图如图 B.2 所示。

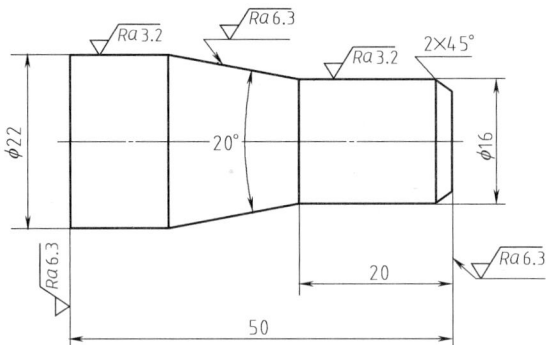

图 B.2　外圆锥柄加工图

外圆锥柄加工工件评分标准如表 B.2 所示。

表 B.2　外圆锥柄加工工件评分标准

序号	检测内容	配分	评分标准	检测量具
1	$\phi 16$	15	每超差 0.02 扣 2 分，最多扣 10 分	游标卡尺
2	$\phi 22$	15	每超差 0.02 扣 2 分，最多扣 10 分	游标卡尺
3	20°	30	角度每超差 10′ 扣 2 分，最多扣 15 分	量角仪
4	2×45°	6	每超差 0.05 或角度每差 2 度扣 1 分，最多扣 3 分	游标卡尺
5	20	5	每超差 0.05 扣 1 分，每处最多扣 3 分	游标卡尺
6	50	5	每超差 0.05 扣 1 分，每处最多扣 3 分	游标卡尺
7	Ra3.2	12	两处，每处 6 分，每处粗糙度每降一级扣 1 分，每处最多扣 6 分	粗糙度样板
8	Ra6.3	12	三处，每处 4 分，每处粗糙度每降一级扣 1 分，每处最多扣 2 分	粗糙度样板
9	安全文明生产	—	每违反一次规章制度总成绩扣 5 分，严重违反造成安全事故者不得分	
10	备注	—	未注公差按粗糙级进行检测	粗糙度样板

3. 成型表面加工

成型表面加工图如图 B.3 所示。

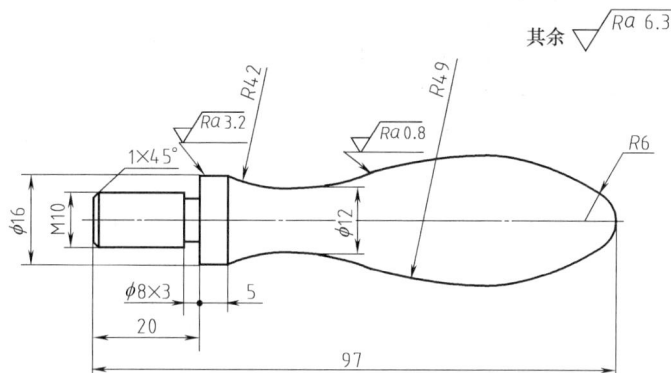

图 B.3 成型表面加工图

成型表面加工工件评分标准如表 B.3 所示。

表 B.3 成型表面加工工件评分标准

序号	检测内容	配分	评分标准	检测量具
1	R6、R49、R42、ϕ12	40	四部分为一整体，每超差 0.1 扣 5 分，最多扣 20 分	样板规
2	ϕ16	10	每超差 0.02 扣 1 分，每处最多扣 5 分	游标卡尺
3	M10	10	不加工螺纹，此处按加工 M10 前要求尺寸检测，每超差 0.02 扣 1 分，最多扣 5 分	游标卡尺
4	ϕ8×3	5	每超差 0.05 扣 1 分，最多扣 3 分	游标卡尺
5	5	5	每超差 0.03 扣 1 分，每处最多扣 3 分	游标卡尺
6	20	5	每超差 0.05 扣 1 分，每处最多扣 3 分	游标卡尺
7	97	5	每超差 0.05 扣 1 分，最多扣 3 分	游标卡尺
8	Ra0.8	8	粗糙度每降一级扣 1 分，每处最多扣 4 分	粗糙度样板
9	Ra3.2	4	粗糙度每降一级扣 1 分，每处最多扣 2 分	粗糙度样板
10	Ra6.3	4	粗糙度每降一级扣 1 分，每处最多扣 4 分	粗糙度样板
11	1×45°	4	每超差 0.05 或角度每差 2 度扣 1 分，最多扣 3 分	游标卡尺
12	安全文明生产		每违反一次规章制度总成绩扣 5 分，严重违反造成安全事故者不得分	
13	备注		未注公差按粗糙级进行检测	

4. 工件内孔的钻削和车削加工

工件内孔的钻削和车削加工图如图 B.4 所示。

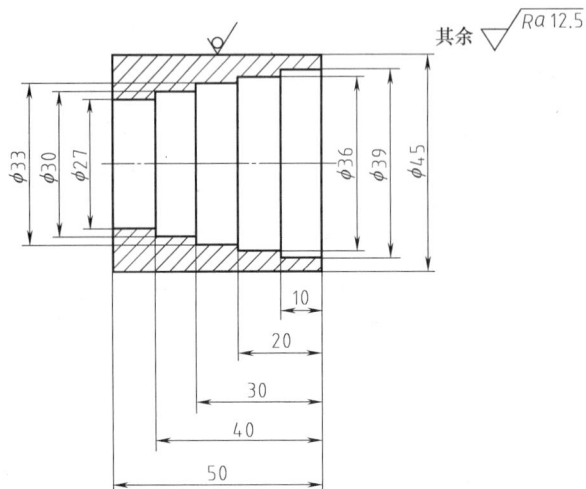

图 B.4　工件内孔的钻削和车削加工图

工件内孔的钻削和车削加工评分标准如表 B.4 所示。

表 B.4　工件内孔的钻削和车削加工评分标准

序号	检测内容	配分	评分标准	检测量具
1	$\phi27$	10	每超差 0.02 扣 1 分，最多扣 5 分	游标卡尺
2	$\phi30$	10	每超差 0.02 扣 1 分，最多扣 5 分	游标卡尺
3	$\phi33$	10	每超差 0.02 扣 1 分，最多扣 5 分	游标卡尺
4	$\phi36$	10	每超差 0.02 扣 1 分，最多扣 5 分	游标卡尺
5	$\phi39$	10	每超差 0.02 扣 1 分，每最多扣 5 分	游标卡尺
6	$\phi45$	5	外圆表面有切削加工痕迹扣 5 分	游标卡尺
7	$Ra12.5$	5	粗糙度每降一级扣 1 分，每处最多扣 4 分	粗糙度样板
8	10	8	每超差 0.05 扣 1 分，最多扣 4 分	游标卡尺
9	20	8	每超差 0.05 扣 1 分，最多扣 4 分	游标卡尺
10	30	8	每超差 0.05 扣 1 分，最多扣 4 分	游标卡尺
11	40	8	每超差 0.05 扣 1 分，每处最多扣 4 分	游标卡尺
12	50	8	每超差 0.05 扣 1 分，最多扣 4 分	游标卡尺
13	安全文明生产		每违反一次规章制度总成绩扣 5 分，严重违反造成安全事故者不得分	
14	备注		未注公差按粗糙级进行检测	

5. 普通三角形外螺纹切削加工

普通三角形外螺纹切削加工图如图 B.5 所示。

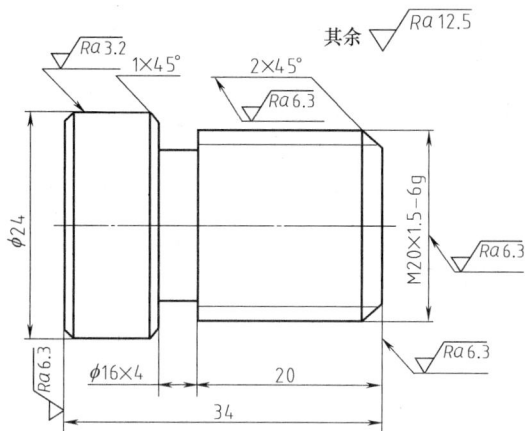

图 B.5　普通三角形外螺纹切削加工图

普通三角形外螺纹加工工件评分标准如表 B.5 所示。

表 B.5　普通三角形外螺纹加工工件评分标准

序号	检测内容	配分	评分标准	检测量具
1	M00×1.5-6g、Ra6.3	40	通规通过止规不通过为合格，否则各螺纹参数每超差 0.1 或粗糙度每降一级扣 5 分，最多扣 20 分	螺纹环规
2	φ16×4	10	每超差 0.03 扣 1 分，每处最多扣 5 分	游标卡尺
3	φ24	10	每超差 0.02 扣 1 分，最多扣 5 分	游标卡尺
4	20	6	每超差 0.05 扣 1 分，最多扣 3 分	游标卡尺
5	34	6	每超差 0.05 扣 1 分，每处最多扣 3 分	游标卡尺
6	2×45°、Ra6.3	5	每超差 0.05 或粗糙度每降一级扣 1 分，最多扣 3 分	游标卡尺
7	1×45°	5	每超差 0.05 扣 1 分，最多扣 3 分	游标卡尺
8	Ra3.2	6	粗糙度每降一级扣 1 分，每处最多扣 3 分	粗糙度样板
9	Ra6.3	8	两处端面各 4 分，粗糙度每降一级扣 1 分，每处最多扣 2 分	粗糙度样板
10	Ra12.5	4	粗糙度每降一级扣 1 分，最多扣 4 分	粗糙度样板
11	安全文明生产		每违反一次规章制度总成绩扣 5 分，严重违反造成安全事故者不得分	
12	备注		未注公差按粗糙级进行检测	

6. 综合表面工件加工

综合表面工件加工图如图 B.6 所示。

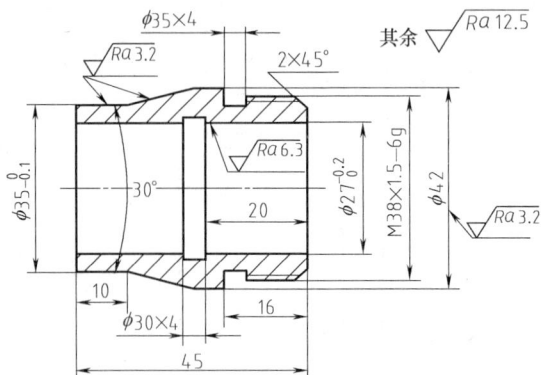

图 B.6　综合表面工件加工图

综合表面加工工件评分标准如表 B.6 所示。

表 B.6　综合表面加工工件评分标准

序号	检测内容	配分	评分标准	检测量具
1	$\phi 27^{+0.2}_{0}$	10	每超差 0.02 扣 1 分，最多扣 5 分	游标卡尺
2	$\phi 35^{0}_{-0.1}$	10	每超差 0.02 扣 1 分，最多扣 5 分	游标卡尺
3	M38×1.5-6g、Ra6.3	10	通规通过止规不通过为合格，否则各螺纹参数每超差 0.1 或粗糙度每降一级扣 1 分，最多扣 5 分	螺纹环规
4	$\phi 42$	8	每超差 0.05 扣 1 分，最多扣 4 分	游标卡尺
5	30°	10	角度每超差 10′ 扣 1 分，最多扣 5 分	量角仪
6	$\phi 35×4$	5	每超差 0.05 扣 1 分，最多扣 3 分	游标卡尺
7	$\phi 30×4$	5	每超差 0.05 扣 1 分，最多扣 3 分	游标卡尺
8	50	5	每超差 0.05 扣 1 分，最多扣 3 分	游标卡尺
9	16	5	每超差 0.05 扣 1 分，最多扣 3 分	游标卡尺
10	10	5	每超差 0.05 扣 1 分，最多扣 3 分	游标卡尺
11	45	5	每超差 0.05 扣 1 分，最多扣 3 分	游标卡尺
12	1×45°	4	每超差 0.05 扣 1 分，最多扣 2 分	游标卡尺
13	Ra3.2	12	两处外圆和一处锥面各 4 分，粗糙度每降一级扣 1 分，每处最多扣 2 分	粗糙度样板
14	Ra6.3	3	粗糙度每降一级扣 1 分，最多扣 2 分	粗糙度样板
15	Ra12.5	3	粗糙度每降一级扣 1 分，最多扣 2 分	粗糙度样板
16	安全文明生产		每违反一次规章制度总成绩扣 5 分，严重违反造成安全事故者不得分	
17	备注		未注公差按粗糙级进行检测	

附录 C 铣削加工工件评分标准

1. 平面及斜面铣削

平面及斜面铣削图如图 C.1 所示。

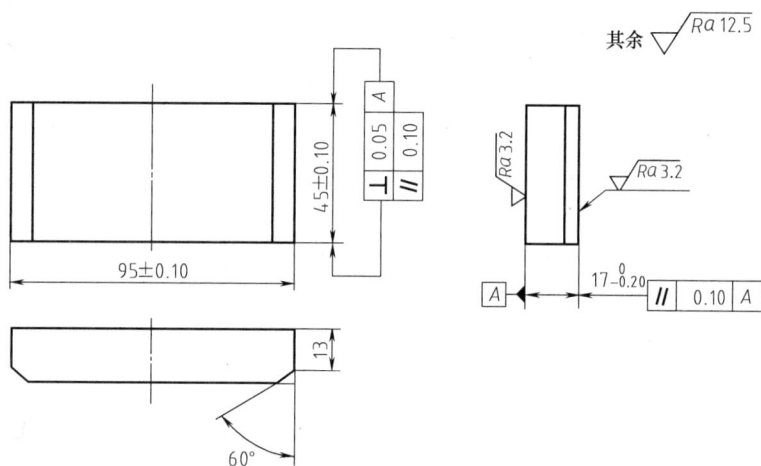

图 C.1 平面及斜面铣削图

平面及斜面铣削加工工件评分标准如表 C.1 所示。

表 C.1 平面及斜面铣削加工工件评分标准

序号	检测内容	配分	评分标准	检测量具
1	95±0.10	15	每超差 0.02 扣 1 分，最多扣 8 分	游标卡尺
2	45±0.10	15	每超差 0.02 扣 1 分，最多扣 8 分	游标卡尺
3	$17_{-0.2}^{0}$	10	每超差 0.05 扣 1 分，最多扣 5 分	游标卡尺
4	// 0.10	16	两处，每处 8 分，每处每超差 0.02 扣 1 分，每处最多扣 4 分	百分表
5	⊥ 0.05	10	每超差 0.02 扣 1 分，最多扣 5 分	百分表
6	Ra3.2	12	两处，每处 6 分，每处粗糙度每降一级扣 2 分，每处最多扣 3 分	粗糙度样板
7	Ra12.5	4	粗糙度每降一级扣 1 分，最多扣 2 分	粗糙度样板
8	13	10	两处，每处 5 分，每处每超差 0.05 扣 1 分，每处最多扣 3 分	游标卡尺
9	60°	8	两处，每处 4 分，每处角度每超差一度扣 1 分，每处最多扣 2 分	量角仪

序号	检测内容	配分	评分标准	检测量具
10	安全文明生产		每违反一次规章制度总成绩扣 5 分，严重违反造成安全事故者不得分	
11	备注		未注公差按粗糙级进行检测	

2. 键槽铣削及分度铣削

键槽铣削及分度铣削图如图 C.2 所示。

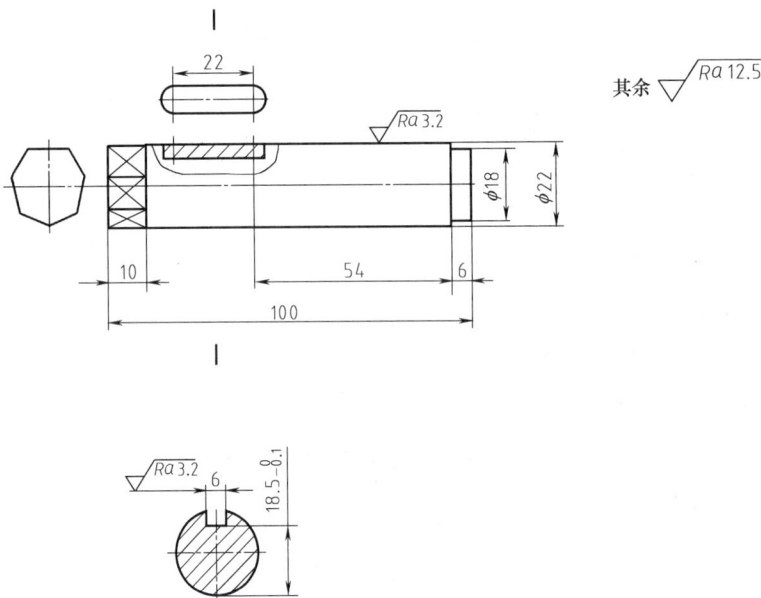

图 C.2　键槽铣削及分度铣削图

键槽铣削及分度铣削加工工件评分标准如表 C.2 所示。

表 C.2　键槽铣削及分度铣削加工工件评分标准(含坯件尺寸)

序号	检测内容	配分	评分标准	检测量具
1	$18.5_{-0.10}^{0}$	20	每超差 0.02 扣 1 分，最多扣 13 分	游标卡尺
2	6	8	由刀具决定，一般不检测，如出现错误，则扣 8 分	
3	54	12	每超差 0.05 扣 1 分，最多扣 6	游标卡尺
4	22	16	每超差 0.05 扣 1 分，最多扣 8 分	游标卡尺
5	$Ra3.2$	12	粗糙度每降一级扣 1 分，最多扣 6	粗糙度样板
6	$Ra12.5$	16	8 处，降一级扣 1 分，每处最多扣 1 分	粗糙度样板
7	10	8	每超差 0.05 扣 1 分，最多扣 8 分	
8	分度铣削 7 方	8	由分度装置决定，目测有 7 方，7 方与 22 外圆内接，不扣分，否则扣 5 分	

序号	检测内容	配分	评分标准	检测量具
9	安全文明生产		每违反一次规章制度总成绩扣 5 分，严重违反，造成安全事故者不得分	
10	备注		未注公差按粗糙级进行检测	

3. 圆弧槽铣削

圆弧槽铣削图如图 C.3 所示。

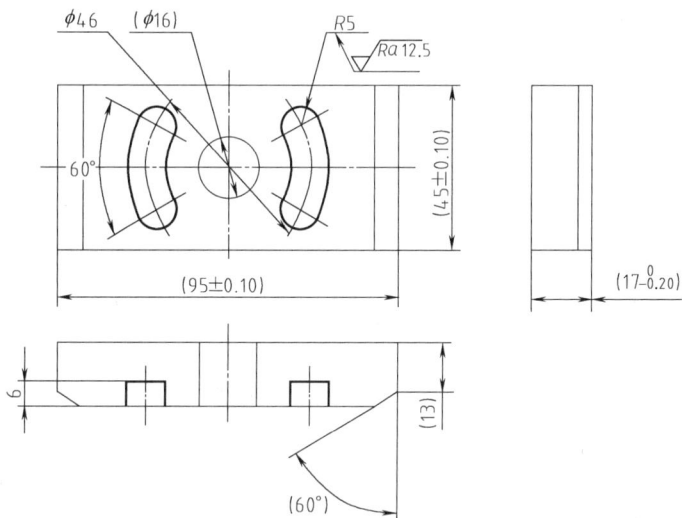

图 C.3　圆弧槽铣削图

圆弧槽铣削加工工件评分标准如表 C.3 所示。

表 C.3　圆弧槽铣削加工工件评分标准

序号	检测内容	配分	评分标准	检测量具
1	ϕ16	14	每超差 0.05 扣 1 分，最多扣 8 分	游标卡尺
2	ϕ46	25	每超差 0.05 扣 1 分，最多扣 13 分	游标卡尺
3	6	20	每超差 0.02 扣 1 分，最多扣 10 分	游标卡尺
4	60°	16	两处，每处 8 分，每处每超差 1° 扣 1 分，每处最多扣 4 分	量角仪
5	R5	10	由刀具决定，一般不检测，如出现错误，则扣 10 分	
6	Ra12.5	15	三处(圆孔和两处圆弧槽)，每处 5 分，每处粗糙度每降一级扣 1 分，每处最多扣 3 分	粗糙度样板
7	安全文明生产		每违反一次规章制度总成绩扣 5 分，严重违反造成安全事故者不得分	

序号	检测内容	配分	评分标准	检测量具
8	备注		未注公差按粗糙级进行检测 此件为在前面加工零件基础上进行加工，其余尺寸不作检测	

附录 D 磨削加工工件评分标准

1. 磨外圆表面

磨外圆表面图如图 D.1 所示。

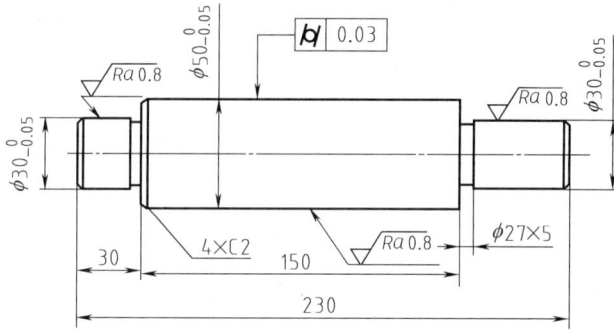

图 D.1 磨外圆表面图

磨外圆表面加工工件评分标准如表 D.1 所示。

表 D.1 磨外圆表面加工工件评分标准(含坯件尺寸)

序号	检测内容	配分	评分标准	检测量具
1	$\phi 30_{-0.05}^{0}$	30	两处，每处 15 分，每超差 0.01 扣 1 分，每处最多扣 20 分	千分尺
2	$\phi 50_{-0.05}^{0}$	15	每超差 0.01 扣 1 分，最多扣 10 分	千分尺
3	30	4	每超差 0.02 扣 1 分，最多扣 3 分	卡尺
4	150	4	每超差 0.03 扣 1 分，最多扣 3 分	千分尺
5	230	4	每超差 0.03 扣 1 分，最多扣 3 分	卡尺
6	$\phi 27 \times 5$	8	两处，每处 4 分，每超差 0.05 扣 1 分，每处最多扣 5 分	卡尺
7	/○/ 0.03	15	每超差 0.01 扣 1 分，最多扣 10 分	百分表
8	C2	8	共四处，每处 2 分，每超差 0.05 或角度每差 2° 扣 1 分，最多扣 4 分	卡尺
9	Ra0.8	12	三处，每处 4 分，每处粗糙度每降一级扣 1 分，每处最多扣 2 分	粗糙度样板
10	安全文明生产		每违反一次规章制度总成绩扣 5 分，严重违反，造成安全事故者不得分	
11	备注		未注公差按粗糙级进行检测	

2. 磨外圆锥面

磨外圆锥面图如图 D.2 所示。

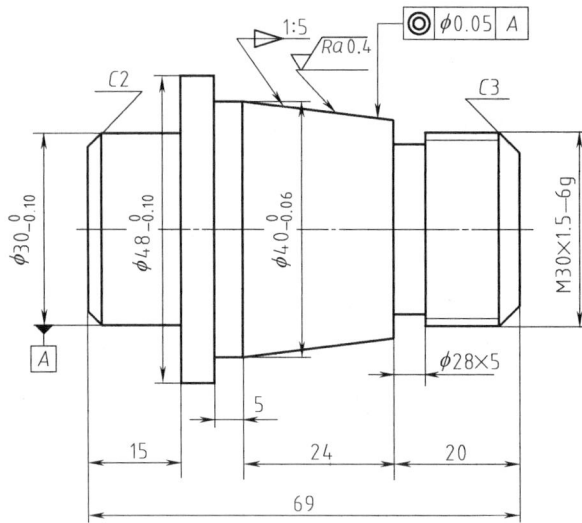

图 D.2　磨外圆锥面图

磨外圆锥面加工工件评分标准如表 D.2 所示。

表 D.2　磨外圆锥面加工工件评分标准(含坯件尺寸)

序号	检测内容	配分	评分标准	检测量具
1	$\phi 35^{~0}_{-0.1}$	8	每超差 0.02 扣 1 分，每处最多扣 5 分	千分尺
2	$\phi 48^{~0}_{-0.1}$	8	每超差 0.02 扣 1 分，最多扣 5 分	千分尺
3	$\phi 40^{~0}_{-0.06}$	10	每超差 0.01 扣 1 分，最多扣 6 分	千分尺
4	M30×1.5-6g	12	超差最多扣 6 分	螺纹环规
5	15	5	每超差 0.02 扣 1 分，最多扣 3 分	卡尺
6	5	5	每超差 0.02 扣 1 分，每处最多扣 3 分	卡尺
7	◎$\phi 0.05$	10	每超差 0.01 扣 1 分，最多扣 6 分	百分表
8	24	5	每超差 0.02 扣 1 分，最多扣 3 分	卡尺
9	20	5	每超差 0.02 扣 1 分，最多扣 3 分	卡尺
10	69	5	每超差 0.02 扣 1 分，最多扣 3 分	卡尺
11	1:5	10	角度每超差 2′ 扣 1 分，最多扣 3 分	量角仪
12	$\phi 28×3$	5	每超差 0.03 扣 1 分，最多扣 3 分	卡尺
13	C2	4	每超差 0.05 或角度每差 2° 扣 1 分，最多扣 2 分	卡尺
14	C3	4	每超差 0.05 或角度每差 2° 扣 1 分，最多扣 2 分	卡尺
15	Ra0.4	6	粗糙度每降一级扣 1 分，最多扣 4 分	粗糙度样板

序号	检测内容	配分	评分标准	检测量具
16	安全文明生产		每违反一次规章制度总成绩扣 5 分，严重违反，造成安全事故者不得分	
17	备注		未注公差按粗糙级进行检测	

3. 平面磨削

平面磨削图如图 D.3 所示。

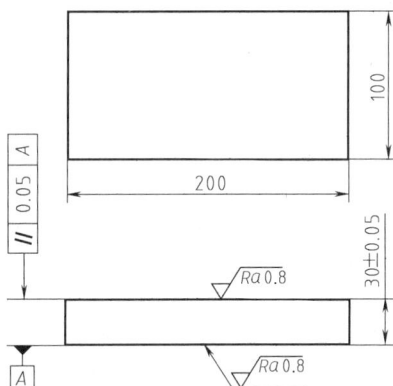

图 D.3　平面磨削图

平面磨削加工工件评分标准如表 D.3 所示。

表 D.3　平面磨削加工工件评分标准(含坯件尺寸)

序号	检测内容	配分	评分标准	检测量具
1	30±0.05	30	每超差 0.01 扣 1 分，最多扣 12 分	千分尺
2	// 0.05	20	每超差 0.01 扣 1 分，最多扣 8 分	百分表
3	200	10	每超差 0.02 扣 1 分，最多扣 3 分	卡尺
4	100	10	两处，每处 5 分，每超差 0.02 扣 1 分，每处最多扣 3 分	卡尺
5	Ra0.8	30	两处，每处 15 分，每处粗糙度每降一级扣 1 分，每处最多扣 6 分	粗糙度样板
6	安全文明生产		每违反一次规章制度总成绩扣 5 分，严重违反造成安全事故者不得分	
7	备注		未注公差按粗糙级进行检测	

4. 内孔磨削加工

内孔磨削加工图如图 D.4 所示。

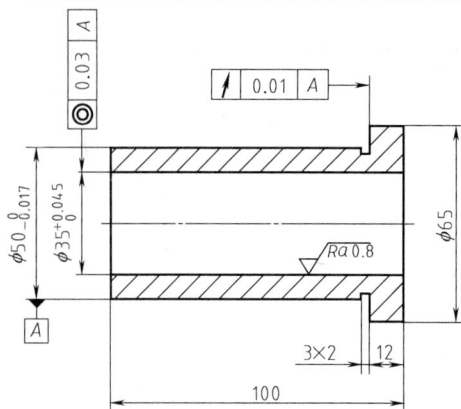

图 D.4 内孔磨削加工图

内孔磨削加工工件评分标准如表 D.4 所示。

表 D.4 内孔磨削加工工件评分标准(含坯件尺寸)

序号	检测内容	配分	评分标准	检测量具
1	$\phi 50_{-0.017}^{0}$	15	每超差 0.01 扣 1 分，最多扣 8 分	千分尺
2	$\phi 35_{0}^{+0.045}$	30	每超差 0.01 扣 1 分，最多扣 16 分	内径百分表
3	$\phi 65$	10	每超差 0.02 扣 1 分，最多扣 6 分	卡尺
4	100	5	每超差 0.02 扣 1 分，最多扣 3 分	卡尺
5	12	5	每超差 0.02 扣 1 分，最多扣 3 分	卡尺
6	3×2	5	每超差 0.05 扣 1 分，最多扣 3 分	卡尺
7	◎0.03	10	每超差 0.01 扣 1 分，最多扣 6 分	百分表
8	↗0.01	10	每超差 0.01 扣 1 分，最多扣 6 分	百分表
9	Ra0.8	10	粗糙度每降一级扣 3 分，最多扣 6 分	粗糙度样板
10	安全文明生产		每违反一次规章制度总成绩扣 5 分，严重违反造成安全事故者不得分	
11	备注		未注公差按粗糙级进行检测	

附录 E　万能分度头的使用

以 F11160A 型万能分度头的使用为例进行说明。

F11160A 型万能分度头有两块分度盘,这两块盘上的分度孔圈数分别是:

第一块(正面)24、25、28、30、34;(反面)37、38、39、41、42、43

第二块(正面)46、47、49、51、53、54;(反面)57、58、59、62、66

另外还有 11 个模数为 2 的挂轮,其齿数分别是:

25、30、35、40、50、55、60、70、80、90、100

分度手柄与主轴之间的传动比为 40∶1。

利用 F11160A 型万能分度头进行分度操作,有如下几个方法可供选择。

1. 直接分度法

它主要应用在一些分度比较简单、分度数目比较特殊的场合,例如 2 等分、3 等分、4 等分、6 等分等。主要是因为这些等分的圆心角度数在主轴刻度盘上不容易混淆。分度时,将主轴锁紧手柄松开,按照主轴刻度盘上的刻度摇转分度手直到主轴转过相应角度,然后再将锁紧手柄锁紧即可。由于该方法劳动强度较大,且精度很低,所以目前用在分度数目简单、分度精度要求很低的场合。

2. 简单分度法

它主要应用在一些分度稍微有些复杂,分度数目比较特殊的场合。分度时,将主轴锁紧手柄松开,拔出分度手柄上的插销,然后转动分度手柄,待到规定位置时,将分度手柄上的插销再插入分度盘上相应的分度孔中,最后将锁紧手柄锁紧即可。因为目前大多数分度要求即为此种要求,故应用很多。

其公式如下:

$$分度手柄的转数=40/分度数目$$

【例 E.1】在铣床上铣齿数为 53 的齿轮,计算分度参数。

解:利用公式并代入数据得:

$$分度手柄的转数=40/分度数目$$
$$=40/53$$

这时可将分度手柄放在第三块分度盘的 53 孔圈上,每铣完一齿后就在 53 孔圈上转动分度手柄 40 孔,依次类推,直至铣完。

【例 E.2】在铣床上铣齿数为 31 的齿轮,计算分度参数。

解:利用公式并代入数据,得:

$$分度手柄的转数=40/分度数目$$
$$=40/31$$

按照上述【例 E.1】的做法是找到有 31 孔圈的分度盘,然后以该孔圈分度盘分度。然而在所有分度盘的孔圈上却找不到该孔圈,无法按照【例 E.1】方法分度。为此,将上式进行适当变换，得：

$$分度手柄的转数 = 40/31$$
$$= 1+(9/31)$$
$$= 1+(18/62)$$

这样就可以第二块分度盘上的 62 孔的孔圈来确定分度手柄应转动到的位置。具体做法是，将分度手柄放在第二块分度盘的 62 孔圈上，每铣完一齿后就转动分度手柄 [1+(18/62)] 转。即转动分度手柄 1 转后，再转动 18 个孔即可，依次类推，直至铣完。

为保证分度不出错，应调整分度盘上的分度叉的夹角，使其内缘在 62 孔的孔圈上包含 (18+1)=19 个孔(即 19 个孔距)。

3. 差动分度法

由于分度盘的孔圈数有限，一些分度数如 73、83、113 等，它们不能与 40 约简，也找不到合适的分度孔圈，这时就不能用简单分度法来分度了，而要用到差动分度法来分度。差动分度法要将分度头上所附带的挂轮应用起来，根据分度数目计算并选择出合适的挂轮，并将其安装到分度头上，以使得分度手柄转动时，分度盘也能按一定的规律转动，使分度时得到相互差动补偿，以便达到精确分度，其他的分度操作与上相同。

公式 1：

$$分度手柄的转数 = 40/假想分度数目$$

公式 2：挂轮组齿数比 (ac/bd)：

$$(ac/bd) = (40/假想分度数目) \times (假想分度数目 - 实际分度数目)$$

[注：a、b、c、d 代表四个挂轮的齿数]

【例 E.3】 在铣床上铣齿数为 103 的齿轮，计算分度参数。

解：先选取一个假想分度数目，该假想分度数目要与实际分度数目接近，与 40 能约简，且约简后能找到有效的孔圈。此处选取假想分度数目=100，则：

$$分度手柄的转数 = 40/假想分度数目$$
$$= 40/100$$
$$= 10/25$$

现选取第二块分度盘上 25 孔的分度孔圈为依据进行分度，则得到挂轮组齿数比：

$$(ac/bd) = (40/假想分度数目) \times (假想分度数目 - 实际分度数目)$$
$$= (40/100) \times (100-103)$$
$$= -120/100$$

这样，就可以选择出挂轮的齿数(共 8 组)：

① $a=60, b=25, c=35, d=70$ ⑤ $a=60, b=25, c=40, d=80$
② $a=60, b=25, c=50, d=100$ ⑥ $a=60, b=40, c=80, d=100$
③ $a=70, b=35, c=30, d=50$ ⑦ $a=80, b=50, c=30, d=40$
④ $a=80, b=60, c=90, d=100$ ⑧ $a=90, b=30, c=40, d=100$

上述挂轮组未考虑挂轮架安装结构，实际应用中还应将其考虑在内。

在挂轮组齿数比中有一个"−"号，表明分度手柄的转动方向与分度盘的转动方向应相反，此时还应在挂轮组中加一介轮，以改变其方向。

4. 近似分度法

当加工圆锥齿轮或某些质数齿螺旋齿轮时，因受挂轮架结构的限制，无法采用差动分度法进行分度，此时可采用近似分度法进行分度。其原理是先按简单分度法分度，并将分度手柄转数的整转数所余下的小数化为分数，再按所要求的分数转动分度手柄。

【例E.4】在铣床上铣齿数为97的齿轮，试按近似分度法计算分度参数。

解：

(1) 分度手柄转数=40/分度数目

　　　　　　　　=40/97

(2) 任意选取分度盘上的分度孔圈。现取第二块分度盘上53孔的分度孔圈为计算依据。

(3) 分度手柄在53孔的分度孔圈上转过的孔数

=(40/分度数目)×分度盘上分度孔圈数

=(40/97)×53

≈21.85567

(4) 将小数化为分数：21.85567≈21+(6/7)

(5) 整理：分度手柄在53孔的分度孔圈上转过的孔数=21+(6/7)

(6) 消去分母：为消除分母，上式两端同乘以7，得到：

7×[分度手柄在53孔的分度孔圈上转过的孔数]=7×[21+(6/7)]

　　　　　　　　　　　　　　　　　　　=147+6

　　　　　　　　　　　　　　　　　　　=153

(7) 结论：分度手柄在53孔的分度孔圈上转过的转数=153/53

　　　　　　　　　　　　　　　　　　　　　　=2+(47/53)

上式说明，每一次分度，分度手柄转过2转之后，再以53孔的分度孔圈为依据转47孔距。

上式两端同乘以7，以消除分母，这表明，实际分度时，不是铣完第一个齿后接着铣第二个齿，而是铣第八(1+7)个齿。这样，经过连续跳齿加工，直到将齿轮所有齿加工完为止。

(8) 验算：要求分度值=40/97，乘以7，得：

7倍要求分度值：(40/97)×7=280/97

7倍实际分度值：2+(47/53)=153/53

则实际分度值与要求分度值之差为：

(153/53)−(280/97)=1/5141

反映在工件上7齿间的角度误差是：

(1/5141)×(360°×3600″/40)≈6.202276″。

即每齿间的分度误差是(6.202276″/7)≈0.900325117″，整个齿的累计误差约为1′28″，这误差是相当小的，可以使用。

5. 角度分度法

角度分度法的原理是根据工件应转的角度而不是等份数来分度的。当分度手柄转一转时，分度头主轴转动(360°/40)=9°。在已知工件需分度的角度为$\theta°$后，则：

分度手柄的转数=$\theta°$/9°

=θ'/540′

=θ''/32400″

【例 E.5】在轴上铣圆心夹角为 7°26′的两条槽，计算分度参数。

解：分度手柄的转数

=$\theta°$/9°

=θ'/540′

=(7×60′+26′)/540′

≈0.8259259

≈47/57

即在铣完一槽后，分度手柄应以第二块分度盘上有 57 孔的分度孔圈为依据进行分度，转过 47 个孔距。

参 考 文 献

[1] 明立军. 车工实训教程[M]. 北京：机械工业出版社，2014.

[2] 李德富. 金属加工与实训——铣工实训[M]. 北京：机械工业出版社，2014.

[3] 李兆松. 磨削加工技术[M]. 北京：机械工业出版社，2012.

[4] 梁旭坤. 公差配合与技术测量[M]. 北京：中国建材工业出版社，2013.

[5] 徐晓枫. 机械制造技术[M]. 北京：中国建材工业出版社，2013.

[6] 吴国华. 金属切削机床[M]. 2 版. 北京：机械工业出版社，2011.

[7] 陆剑中. 金属切削原理与刀具[M]. 5 版. 北京：机械工业出版社，2011.

[8] 肖继德. 机床夹具设计[M]. 北京：机械工业出版社，2011.

[9] 王力. 机械制造工艺学[M]. 北京：中国人民大学出版社，2010.